COLLANA SAGGISTICA
DIRETTA DA GIOVANNI ZENONE

80

Umberto Fasol

La creazione della vita

Disegno intelligente o beffardo scarabocchio?

Prefazione del Card. Christoph Schönborn

Fede & Cultura

LA CREAZIONE DELLA VITA – *Umberto Fasol*

ISBN: 978-88-6409-474-8
eBook ISBN: 978-88-6409-475-5

Fede & Cultura
Via Marconi, 58c-60a
37122 Verona (Italy)
Tel. 045-941851

www.fedecultura.com
e.mail: ordini@fedecultura.com

Prima edizione: giugno 2007
Seconda edizione: aprile 2016

Abbiamo enormemente migliorato le nostre conoscenze e identificato meglio i limiti della nostra ignoranza; ma per l'intelligenza umana sembra sia diventato troppo arduo rendersi conto che, guardando il creato, ci si incontra con l'impronta del Creatore. In realtà, chi ama la verità, come voi cari studiosi, dovrebbe percepire che la ricerca su temi così profondi ci pone nella condizione di vedere e anche quasi di toccare la mano di Dio. Al di là dei limiti del metodo sperimentale, al confine del regno che alcuni chiamano meta-analisi, là dove non basta più o non è possibile la sola percezione sensoriale né la verifica scientifica, inizia l'avventura della trascendenza, l'impegno del "procedere oltre".

Benedetto XVI, Discorso ai partecipanti all'Assemblea Generale della Pontificia Accademia per la Vita e al Congresso Internazionale "L'embrione umano nella fase del preimpianto", 27 febbraio 2006)

Però possiamo e dobbiamo avere il coraggio di dire che i grandi progetti della vita non sono un prodotto del caso e dell'errore, né sono il prodotto di una selezione, cui si attribuiscono predicati divini che in questa sede appaiono illogici, a-scientifici, un mito moderno.

I grandi progetti della vita rimandano ad una ragione creatrice, ci indicano lo Spirito creatore e lo fanno oggi in maniera più chiara e splendente che mai.

Oggi pertanto possiamo dire con una certezza e una gioia nuove: "Sì, l'uomo è un progetto di Dio".

Solo lo Spirito creatore fu sufficientemente forte, grande e ardito da escogitare questo progetto. L'uomo non è uno sbaglio, ma è voluto, è il frutto di un amore. Egli può scoprire in se stesso, nell'ardito progetto da lui rappresentato, il linguaggio dello Spirito creatore che gli parla e lo incoraggia a dire: "Sì, Padre, tu mi hai voluto".

Joseph Ratzinger, Catechesi sulla Creazione, 1985

PREFAZIONE

TROVARE UN DISEGNO IN NATURA[1]

di Christoph Schönborn
Cardinale di Vienna

Fin dal 1996, quando Giovanni Paolo II disse che l'evoluzione (un termine che non definì) era "più che soltanto un'ipotesi", i difensori del dogma neo-darwiniano hanno spesso invocato la supposta accettazione, o almeno acquiescenza, della Chiesa Cattolica Romana, dicendo che la loro teoria è compatibile con la fede cristiana.

Ma questo non è vero. La Chiesa Cattolica, mentre lascia alla scienza molti dettagli relativi alla storia della vita sulla terra, afferma che con la luce della ragione l'intelletto umano può facilmente e chiaramente discernere finalità e disegno nel mondo naturale, compreso il mondo delle cose viventi. L'evoluzione nel senso di un antenato comune potrebbe essere vera, ma l'evoluzione nel senso neo-darwiniano, vista come un processo di mutazione casuale e selezione naturale, né guidato né pianificato, non lo è. Ogni scuola di pensiero che nega o cerca di ignorare la schiacciante evidenza del disegno in biologia è ideologia, non scienza.

Consideriamo il vero insegnamento del nostro beneamato Giovanni Paolo. Mentre la sua piuttosto vaga e poco significativa lettera del 1996 relativa all'evoluzione è citata sempre e ovunque, vediamo che nessuno discute questi commenti provenienti da un'udienza generale del 1985 che rappresentano il suo robusto insegnamento sulla natura:

---

[1] Articolo pubblicato sul apparso sul "New York Times" il 7 luglio 2005 e qui riprodotto per gentile concessione di Christoph Schönborn, Cardinale di Vienna e capo-redattore del *Catechismo della Chiesa Cattolica* del 1992.

> Tutte le osservazioni relative allo sviluppo della vita conducono ad una medesima conclusione. L'evoluzione degli esseri viventi, della quale la scienza cerca di determinare le tappe e di discernere il meccanismo, presenta una finalità interna che suscita ammirazione. Questa finalità che orienta gli esseri in una direzione della quale non sono responsabili, ci obbliga a supporre una Mente che ne è l'inventore, il suo creatore.

Il papa prosegue:

> A tutte queste indicazioni dell'esistenza di Dio Creatore, alcuni oppongono il potere del caso o dei meccanismi propri della materia. Parlare di caso per un universo che presenta una così complessa organizzazione e una così meravigliosa finalità nella sua vita, sarebbe equivalente a rinunciare alla ricerca di una spiegazione del mondo così come esso ci appare. Infatti, sarebbe come ammettere effetti senza una causa. Sarebbe abdicare all'umana intelligenza, che rifiuterebbe perciò di pensare e cercare una soluzione per i suoi problemi.

È da notare che in questa citazione la parola "finalità" è un termine filosofico sinonimo di causa, scopo o disegno finale. Tra le osservazioni fatte durante un'altra udienza generale, un anno dopo, Giovanni Paolo II conclude: "È chiaro che la verità della fede sulla creazione è radicalmente opposta alle teorie della filosofia materialista. Queste teorie vedono il cosmo come il risultato di un'evoluzione della materia riducibile al puro caso e alla necessità".

Naturalmente, l'autorevole Catechismo della Chiesa Cattolica concorda: "L'intelligenza umana è sicuramente già capace di trovare una risposta alla domanda sulle origini. L'esistenza di Dio Creatore può essere conosciuta con certezza attraverso le sue opere, alla luce della ragione umana". Aggiunge: "Noi crediamo che Dio creò il mondo secondo la sua sapienza. Esso non è il prodotto di una necessità qualsiasi, e nemmeno di un fato cieco o del caso". In una nuova sfortunata deformazione di questa vecchia controversia, i neo-darwinisti hanno recentemente cercato di rappresentare Benedetto XVI come un evoluzionista soddisfatto. Hanno citato un'affermazione su un comune antenato risalente a un documento del 2004 della Commissione Teologica Internazionale; hanno sottolineato che Benedetto XVI era a quel tempo capo della commissione, e hanno concluso che la Chiesa Cattolica non ha alcun problema con la nozione di "evoluzione" così come è usata dalla maggior parte dei biologi, cioè come sinonimo di neodarwinismo.

Il documento della commissione, tuttavia, riafferma il perenne insegnamento della Chiesa Cattolica sulla realtà del disegno in natura. Commentando la diffusa distorsione della lettera di Giovanni Paolo II del 1996 sull'evoluzione, la Commissione avverte che "la lettera non può essere letta come un'approvazione globale di tutte le teorie dell'evoluzione, comprese quelle di provenienza neo-darwiniana che negano esplicitamente alla divina provvidenza qualunque vero ruolo di causa nello sviluppo della vita nell'universo".

Inoltre, secondo la Commissione, "un processo evolutivo non guidato, cioè che cade fuori dai confini della divina provvidenza, semplicemente non può esistere". Anzi, nell'omelia di inizio del pontificato, Benedetto XVI ha affermato che: "Noi non siamo il prodotto casuale e senza senso dell'evoluzione. Ciascuno di noi è il risultato di un pensiero di Dio. Ciascuno di noi è voluto, ciascuno di noi è amato, ciascuno di noi è necessario". Nei secoli la Chiesa ha difeso le verità di fede date da Gesù Cristo. Ma nell'era moderna, la Chiesa Cattolica si trova nell'insolita posizione di ferma difesa anche della ragione. Nel XIX secolo, il Concilio Vaticano I ha insegnato a un mondo nuovamente affascinato dalla "morte di Dio" che con l'uso della sola ragione ogni uomo potrebbe giungere a conoscere la realtà di una Causa Incausata, di Colui che ha fatto la prima mossa, del Dio dei filosofi.

Ora, all'inizio del XXI secolo, di fronte alle affermazioni scientifiche come il neo-darwinismo e l'ipotesi dei molti universi inventata in cosmologia per evitare la schiacciante evidenza di scopo e di disegno trovata nella scienza moderna, la Chiesa Cattolica vuole di nuovo difendere la ragione umana dichiarando che il disegno immanente evidente in natura è reale. Le teorie scientifiche

che cercano di negare la comparsa del disegno come risultato di “caso e necessità” non sono affatto scientifiche, ma, come Giovanni Paolo II affermò, un’abdicazione dell’intelligenza umana.

Nuova Introduzione dell'Autore

All'improvviso il mare. Lo specchio del finestrino della Freccia è interamente invaso da una splendida e calma distesa azzurra che arriva laggiù in fondo fino a toccare il cielo, azzurro pure quello. Che spettacolo! Che emozione! Subito dopo la stazione di Rimini, scendendo verso la Puglia, il mare mi accompagna per ore lungo il viaggio: la terra finalmente lascia il posto all'acqua, a tantissima acqua, limpida, piatta, luminosa. È un paesaggio così bello da essere perfino terapeutico.

Da dove proviene il mare? Perché la superficie del Pianeta è ricoperta per quasi i 4/5 da acqua, con una profondità media oceanica di circa 3.800 metri? E perché la sua salinità è quasi ovunque il 33 per mille? E ancora: perché solo la Terra è così ricca di acqua corrente? I geologi non sanno rispondere; si limitano a spostare il problema parlando di sacche d'acqua del sottosuolo che emergono con le eruzioni vulcaniche.

Guardo la sabbia della spiaggia che orla tutta la Penisola giù fino a Santa Maria di Leuca, dove l'Adriatico si confonde con lo Ionio: è tantissima, ma è solo lo strato superficiale di un pianeta che ha un raggio di circa 6.378 chilometri ed è tutto "pieno". Da dove proviene tutta questa terra?

Polvere di stelle, rispondono i planetologi: la sintesi degli elementi chimici che formano la Terra è avvenuta all'interno delle stelle massicce, durante la fase finale della loro vita, quando sono esplose come Supernove.

Gli elementi chimici pesanti come l'ossigeno, il ferro e il silicio, sono stati tuffati nello spazio profondo interstellare e hanno finito per coagulare tra loro formando corpi rocciosi in orbita attorno alle stelle. In milioni di anni, anzi, in miliardi di anni.

Sarà andata veramente così? Forse sì. Ma la Terra possiede peculiarità inspiegabili con un meccanismo di tipo meccanico, come quello gravitazionale: la Terra è l'unico pianeta del sistema solare a essere avvolto da una pellicola di gas sufficientemente densa da consentire il ciclo dell'acqua, il ciclo del carbonio e il ciclo dell'azoto, ma nel contempo sufficientemente trasparente da consentire il passaggio dei raggi solari e la distribuzione del calore alle diverse latitudini.

E l'ossigeno gassoso al 21% concede il miracolo della vita: un altro pezzo unico nel sistema solare. I planetologi anche in questo caso non sanno spiegare tutte queste peculiarità.

Guardo il cielo, azzurro e rassicurante, come il mare, e mi chiedo: da dove proviene?

Le stelle e le galassie sono frutto dell'espansione dell'universo, iniziata 13,8 miliardi di anni fa non si sa perché e non si sa come. Quale tessuto si espande e forma, per solo effetto di due forze antitetiche, quella gravitazionale e quella termica, un universo così grande e così strutturato in gigantesche bolle delimitate da galassie infinite?

Certo, sappiamo molte cose e sappiamo descriverle molto bene. Ma ci sfugge la comprensione dell'insieme e la causa di tutto. "Perché l'universo si dà la pena di esistere?" si chiede Stephen Hawking. E ancora: "Perché esiste in questa forma?". È tutto molto bello e affascinante: è da questo mistero che nasce la ricerca senza fine documentata dalla storia della scienza.

Le domande si rivolgono ora alla biologia: perché tutte queste forme di esseri viventi? Perché la vita ha la forma di un delfino così come la forma di una sequoia gigante della California?

Perché esistono lo stelo d'erba e l'albero da frutto? Perché esistono il calamaro gigante e l'aquila reale?

A queste domande si dice abbia risposto un naturalista inglese, Charles Darwin, che nel 1859 pubblica *L'origine delle specie per opera della selezione naturale.*

Leggete e rileggete tutte le centinaia di pagine di quest'opera e non troverete la risposta a queste domande. Tuttavia ogni testo di biologia racconta che "tutto è stato spiegato" dalla teoria dell'evoluzione e nulla è interpretabile senza di essa. Nulla di più falso.

La teoria può spiegare le varietà, le sfumature, le piccole differenze tra specie affini: la cosiddetta microevoluzione, ma non rende ragione delle forme della vita, quel fenomeno che si chiama "macroevoluzione" . Nel cambriano, circa 600 milioni di anni fa, nelle argilliti di Burgess, nelle Montagne Rocciose del Canada, appaiono tutte le forme di vita conosciute sulla Terra, per la prima volta nella storia geologica del pianeta, tutte insieme e in modo improvviso: S.J. Gould, il più importante paleontologo del momento, ne rimane stupito come un bambino.

Ci sono organismi strani, molti dei quali si sono poi estinti, che appartengono a tutti i *phyla*, ovvero a tutti i piani di sviluppo che oggi conosciamo: come a dire che all'inizio c'è già tutto. Altro che il puntino primitivo e rozzo alla base dell'albero della vita disegnato da Darwin ne *L'origine delle specie*, destinato a trasformarsi per dare origine a molluschi, celenterati, artropodi e vertebrati!

All'inizio ci sono tutte le possibilità già realizzate: perfino i cordati (*Pikaja gracilis*), il gruppo a cui apparteniamo anche noi insieme a tutti gli animali vertebrati.

I fossili successivi, che testimoniano le diverse forme di vita, hanno tutti un paio di caratteristiche fondamentali che smentiscono l'ipotesi della *branching evolution* (evoluzione per ramificazione): compaiono improvvisi, senza alcun precursore e completamente formati, così come i loro esemplari oggi viventi.

Nessuna evoluzione quindi, né al momento della comparsa né poi, per milioni di anni. Gould lo aveva capito: la fauna di Burgess aveva definitivamente colpito a morte l'ipotesi del gradualismo che tanto piaceva a tutti i biologi. Gli animali si trasformano lentamente ma in modo continuo perché le mutazioni e l'ambiente sono sempre all'opera.

Si dice che gli esseri viventi siano tutti imparentati tra loro perché si assomigliano. Questo è vero. Ma non nel senso che derivino tutti da un antenato comune primordiale semplicissimo (battezzato dalla teoria come LUCAS). La somiglianza, nel DNA o negli organi, è dovuta al fatto che il *format* della vita è fatto di cellule come mattoncini che si assemblano in diversi modi e da ingredienti, contenuti al suo interno, che sono: acqua, in grande quantità, un po' di proteine, un po' di grassi, un po' di zuccheri, un po' di DNA, un pizzico di vitamine e di sali minerali, necessari anche per lo scheletro sostenitivo. La vita, che si presenti come una banana o come un coccodrillo, è fatta di queste cose. Quello che fa la differenza è altro. È il disegno con cui i mattoncini si assemblano a tre dimensioni e si differenziano per metabolismo interno, generando le infinite svariate forme che popolano la terra, l'acqua e l'aria. Ma il disegno i mattoncini non se lo danno da soli, come accade per i mattoni di una casa: è la mente dell'ingegnere che stabilisce dove devono andare e con quali materiali devono essere rivestiti o collegati per arredare gli appartamenti.

A insistere sulle uguaglianze o sulle somiglianze come si fa con gli alberi filogenetici non si va da nessuna parte. Tutti i viventi sono fatti, in ultima analisi, da pochi elementi chimici: idrogeno, ossigeno, carbonio, azoto, calcio, ferro e pochi altri ancora. Dirò di più: tutti i viventi sono fatti di protoni, di neutroni e di elettroni. E allora? Che cosa abbiamo risolto della diversità? Nulla. Perché con gli stessi ingredienti si formano le ali di un'aquila e gli zoccoli di un cavallo? Perché con lo stesso DNA, nel mio corpo alcune cellule formano e fanno il cuore mentre altre formano e fanno il cervello?

Il segreto della vita non è nei suoi costituenti materiali, sempre gli stessi sostanzialmente, ma nella loro interazione, o meglio ancora nella regia immateriale che li determina nella loro dinamica sistemica continua. E questa regia misteriosa ma reale non risponde alle leggi dell'evoluzione che sono la mutazione e la selezione naturale, semplicemente perché non si interfaccia con l'ambiente, se non per dettagli che non modificano gli scenari previsti.

Ecco perché la teoria dell'evoluzione non spiega il fenomeno della vita: gli organismi rispondono a leggi metaboliche e di sviluppo che precedono l'attività esecutrice del DNA.

Thomas Nagel, grande filosofo tedesco vivente, ha pubblicato nell'ottobre del 2015 il libro *Mente e Cosmo* in cui sostiene che la visione darwiniana della vita "è quasi certamente falsa" (è il coraggiosissimo sottotitolo). Perché? Perché la teoria dell'evoluzione non rende conto del più grande fenomeno della vita, che è la mente umana: il pensiero, l'autocoscienza, il linguaggio, la creazione artistica, la ricerca di senso. Ora, afferma Nagel, se una teoria non spiega il dettaglio più importante e più sensazionale della vita, è come non spiegasse nulla.

Difficile dargli torto.

Ma non è che la teoria si fermi solo davanti all'origine dell'uomo, per cui anche il paleoantropologo evoluzionista Tattersaal è costretto a riconoscere un "salto di qualità"; la teoria non dice nulla nemmeno sull'origine della vita, il fenomeno che vorrebbe spiegare in ogni suo dettaglio e in tutte le sue dinamiche e forme.

Invano si racconta l'esperimento di Miller in tutti i testi e in tutti i musei come se fosse la bacchetta magica che ha creato la prima forma di vita a partire dal brodo prebiotico.

Invano perché la vita non è una goccia di amminoacidi ma una cellula e la cellula contiene più informazioni di una galassia intera e le informazioni di un software non si creano per assemblaggio casuale di bit. Lo sanno anche i bambini.

In sintesi: la teoria dell'evoluzione non interpreta né la nascita della prima cellula, né l'origine dell'uomo, né la formazione dei piani di sviluppo dei 26 *phyla* di animali noti.

E questo perché? Semplicemente perché la teoria viene formulata in un periodo storico, la seconda metà dell'Ottocento, in cui le conoscenze della biologia erano praticamente insignificanti: poche pagine di fronte alle biblioteche di oggi.

Nessuna Scienza ha subito un'espansione delle conoscenze così ampia e profonda come la Biologia; potremmo dire che ai tempi di Darwin si conoscevano solo poche pagine del testo in uso nelle nostre scuole superiori: mancavano tutta la genetica, tutta la biochimica, la proteomica e la genomica, tutta la citologia, moltissima fisiologia, molta anatomia, il ciclo mensile dei mammiferi, l'embriologia. La più grande scoperta della biologia moderna è la biblioteca cellulare: in ogni cellula sono contenute informazioni complesse che creano organuli e reazioni metaboliche in sinergia con quanto accade in tutto l'organismo. Questo software è incompatibile con la mutazione e con la selezione naturale nel senso che non c'entra nulla; è come voler spiegare l'ultimo prototipo della Ferrari con somme di errori scartati o premiati dall'asfalto e dalla pioggia sulla pista.

La Ferrari è un disegno. La Ferrari è un organismo, prima pensato e poi realizzato, con materiali diversi (cento tipi di leghe) e con sintonizzazioni finissime, precise al millesimo di millimetro, per le oltre 20.000 componenti dell'ultimo modello.

Le mutazioni, che siano puntiformi o che siano genomiche o addirittura cromosomiche, colpiscono sempre l'hardware, la parte dura e operativa del vivente, perché il suo *masterplan* è immateriale. Ora, se non cambia il *masterplan*, non può esserci alcuna novità. Ecco perché la macroevoluzione non è interpretabile dal modello darwiniano.

Anche l'evoluzione dell'uomo, uno dei grandi racconti della teoria, che occupa pagine e pagine del libro di scienze di terza primaria ed è diventato ormai una conferma rassicurante per gli evoluzionisti e per la moderna antropologia, si sta incrinando paurosamente.

La direttrice sicura e convinta che doveva portare la piccola Lucy a trasformarsi in poco tempo in *Homo sapiens* per effetto della siccità (sic!) e per effetto di infinite lente modifiche all'anatomia e alla fisiologia di tutto il corpo, non è più così lineare. Anzi, questa linea è stata cancellata dai manuali accademici (non ancora da quelli scolastici).

Al suo posto un cespuglio, il cui contorno è definito e punteggiato dai diversi reperti fossili cui sono stati attribuiti nomi come *habilis, erectus, rudolfensis*, e così via.

Un cespuglio di forme diverse alla base dell'umanizzazione: tanti tentativi, tratteggiati, che fanno emergere le diverse prerogative dell'uomo in una distribuzione a scacchiera, qua e là, in modo casuale. Poi, finalmente, giunge la sintesi con una specie che si afferma sulle altre, la *sapiens*, a cui apparteniamo.

La trasformazione giudicata improbabile lungo un'unica sequenza genealogica, sembra diventare verosimile se diffusa su più linee, ramificate, ciascuna delle quali concorre modificando un solo particolare.

È insomma un lavoro di squadra quello che avrebbe portato alla comparsa dell'uomo e non l'opera di un protagonista speciale e incredibilmente fortunato.

Il cespuglio, in realtà, rende l'idea della complessità della partita che è in gioco nel passaggio da *Purgatorius*, uno scoiattolo vissuto 65 milioni di anni fa (il precursore comune alle scimmie e all'uomo, sviluppatisi su due linee diverse) fino a noi.

La complessità non è stata risolta; il salto tra ciò che è umano e ciò che non lo è rimane in tutta la sua evidenza irriducibile. Lo scoiattolo la amplifica. In un cespuglio non si sa da che parte andare; ovunque si incontra questa parete invalicabile costituita dal "salto ontologico" tra ciò che è umano e ciò che non lo è: si cercano sentieri alternativi, ma la parete è senza appigli. Il linguaggio astratto e simbolico, la consapevolezza di esistere e di essere assolutamente unico e irripetibile, l'inquietudine che ci accompagna nella vita, il desiderio, il sogno, l'amore, l'odio, l'arte, l'intelligenza, così come lo sguardo, la risata, la carezza, l'abbraccio, il canto, la musica, ma anche i movimenti del corpo in una passeggiata, in una corsa, nel nuoto, nella danza, nella lotta, così ancora come la peluria diradata, la muscolatura armonica, l'espressione del volto, l'invenzione della scrittura, la sepoltura dei morti, la vita di San Francesco, il *like* sulla foto postata in rete, la fiducia nel lotto e perfino la fede degli evoluzionisti nella potenza creatrice del caso o l'ipotesi di infiniti generi sessuali, oggi di moda, sono tutti brevetti che hanno il *copyright* della natura umana e di questi non siamo debitori a nessuno.

Non c'è traccia di questi brevetti nel percorso dal cambriano al quaternario.

O si è persone oppure non lo si è. Le mezze misure non si vedono da nessuna parte.

È giunto il momento di ripensare e di riorganizzare tutti i reperti a cui sono stati attribuiti nomi diversi, senza tener conto del campione limitato e della variabilità naturale all'interno della specie umana: le differenze morfologiche tra un uomo orientale e un uomo australiano ci sono, ma non devono trarre in inganno: appartengono a individui della stessa specie.

L'uomo è ancora qui, a riflettere e a interrogarsi sull'origine del mare, sull'origine della terra, sull'origine del Mondo e sul senso della sua vita. Come ho fatto io in treno.

È questo un privilegio unico, che ci fa interloquire ogni giorno con il Mistero, dandogli del Tu.

Il Mistero mi è Amico e Gli sono infinitamente grato per questo dono.

Vorrei lo fosse anche il mio lettore.

Capitolo 1

I paradigmi dell'evoluzione: il caso

L'onnipotenza della casualità nella scienza biologica

È sempre più rimarchevole e stridente il contrasto tra una tecnologia moderna che consente all'uomo performance sempre più sofisticate nel lavoro e nella ricerca, e, dall'altra, una spiegazione che vuole essere scientifica, dell'origine della vita e degli esseri viventi, che si fonda sugli errori casuali di copiatura del DNA (le mutazioni) e sulla selezione naturale che elimina, senza creare alcunché di nuovo.

La nostra vita personale e quella sociale è sempre più articolata e complessa, frutto di una continua riorganizzazione razionale dei tempi, degli spazi e degli obiettivi; invece, organi complessi come il cuore o i reni, oppure organismi sofisticati come un batterio o uno squalo, si sarebbero originati, secondo le teorie dell'evoluzione, sia pure con tanta pazienza, senza alcuna progettazione iniziale, ma semplicemente sfruttando in modo magico gli inevitabili errori che anche la natura compie nel suo corso.

Credo che chiunque abbia tenuto in braccio il proprio bambino appena nato non sia mai stato preso, nemmeno lontanamente, dall'idea di abbracciare il frutto di un bricolage fortuito, ma piuttosto abbia sempre percepito in modo profondo la realizzazione mirabile di un progetto di vita che viene prima del proprio figlio e che lo trascende infinitamente.

In nessun campo dello scibile e dell'attività umana si dà credito agli inevitabili "errori" di produzione come lo si dà invece nel grande mistero della morfogenesi della vita.

E questo è il paradosso: là dove, a detta di chiunque, ignorante o colto che sia, si dà il massimo della finalità e della complessità concepibili nell'universo noto (basti pensare al cervello umano o anche semplicemente a un batterio), si invoca come causa il minimo dell'informazione, anzi la sua assenza, il nulla, il caso (che ovviamente non esiste e quindi non ha alcun potere).

Mentre è pacifico che una macchina complessa come il personal computer che sto utilizzando sia stata progettata da un ingegnere, cioè da una persona che ha usato la sua intelligenza e i suoi sudati studi, per pianificare le operazioni necessarie, individuare gli obiettivi, reperire e assemblare i materiali, ottimizzare i costi, elaborare e introdurre l'informazione in un sistema operativo, si vuole che sia altrettanto pacifico che questo ingegnere, cioè l'autore del PC, non sia stato a sua volta progettato, ma esista per puro caso. Jacques Monod, premio Nobel per le scoperte sulla genetica dei batteri e una delle massime autorità nel campo della biologia evoluzionistica, ribadisce con forza, per escludere altre ingenue interpretazioni: "È il caso, il puro caso, l'artefice di ogni forma di vita... il nostro numero è uscito al lotto" (Monod, *Il caso e la necessità*, Mondadori, 1970). È da notare, per chiosare questa citazione, che l'uomo non è paragonabile a una pallina numerata del lotto sotto nessun aspetto: l'uomo è un numero infinito di informazioni, per cui bisognerebbe dire – con immensa sfrontatezza – che il "nostro numero è uscito infinite volte!...". Anche se l'affermazione è in bocca a un premio Nobel per la medicina, non si può non riconoscerne con forza l'assoluta infondatezza. Il paradosso si complica ulteriormente di fronte alla constatazione che l'assenza di progettualità ha generato un essere umano che non agisce mai senza un fine!

Questo universo assolutamente privo di programma ha partorito, alla fine, esseri umani che non muovono un dito se non hanno uno scopo: è una vera ironia della sorte!

Le stelle, le montagne, i viventi

Vorrei tentare ora un confronto tra gli esseri viventi, le montagne e le stelle, sempre per proseguire la nostra meditazione sulla ricerca delle cause di ciò che esiste. Una premessa importante: la "vita" non esiste in quanto tale, esistono piuttosto gli esseri viventi, ovvero individui che manifestano determinate caratteristiche che ci costringono a definirli e a distinguerli dagli oggetti che appartengono al regno minerale.

Il primo capitolo di ogni libro di biologia è dedicato alla descrizione di tali caratteristiche che concorrono a definire il concetto di "essere vivente": il metabolismo e la riproduzione prima di tutto.

Tuttavia, quando si parla di esseri viventi, si mettono insieme individui molto differenti tra loro, sia come taglia sia come anatomia o come fisiologia: si va da un batterio (come *Escherichia coli*, che popola la nostra flora intestinale) a un dinosauro, da una muffa a una sequoia gigante della California, o ancora, per estremizzare, da un filo d'erba a una persona.

Le montagne, che tutti conosciamo, sono descritte nella loro morfologia nei testi di geologia; l'orogenesi è il capitolo che si occupa della loro formazione attraverso lo studio dei meccanismi e delle dinamiche che hanno portato allo scontro tra zolle e quindi al corrugamento dei loro bordi. La nascita, l'evoluzione e la morte delle stelle sono invece oggetto di un affascinante e importante capitolo dell'Astrofisica moderna. Si può dire che la genesi delle montagne e quella delle stelle siano state oggi chiarite in modo soddisfacente sia per quanto concerne le cause che per quanto concerne i meccanismi: nel primo caso entrano in gioco le forze endogene che muovono le placche di cui è formata la litosfera terrestre e nel secondo caso la forza di gravità e la fusione termonucleare accendono un puntino in cielo che poi evolve secondo diverse modalità in funzione della massa iniziale.

Non tutte le montagne sono uguali tra loro: percorrere le "bocchette" del Gruppo del Brenta non è come ascendere sulla vetta del K2, tuttavia si tratta di "oggetti" che manifestano una struttura e una dinamica relativamente semplici e accomunabili.

Gli astri che brillano sulla volta celeste differiscono tra loro – in ultima analisi – solo per massa e, relativamente, anche per composizione chimica. In altre parole, il catalogo delle montagne, così come il catalogo delle stelle, mostra sostanzialmente "variazioni" di un unico tema.

Questo è però il punto: in nessun esempio riportato nella letteratura scientifica, né per spiegare una montagna né per spiegare una stella, si invoca il caso; la ricerca della causa di qualsiasi fenomeno (detta tecnicamente *eziogenesi*) si avvale sempre di forze fisiche ben conosciute e descritte. Spesso, nella doverosa incertezza dovuta alla complessità della materia trattata, si lascia spazio e tempo per ulteriori ricerche, ma sempre in funzione di fenomeni fisici o chimici da precisare meglio, mai in funzione di ricorsi al caso.

Non sembra che accada la stessa cosa quando si sfoglia il catalogo degli esseri viventi: se è vero che le cellule hanno la stessa fisionomia nella biosfera, è altrettanto vero che un batterio e un'aquila sono, già a prima vista, molto diversi tra loro: eppure, la loro spiegazione è sempre affidata alla stessa impalpabile onnipotente serie di tentativi e di errori, premiati poi dall'ambiente.

Affrontare allora il tema dell'origine della vita significa concretamente discutere della nascita del primo organismo unicellulare, così come del primo insetto, o del primo pesce, o del primo mammifero... fino all'uomo compreso!

È un inganno riferirsi solo alla nascita della prima cellula; in questo modo diamo per scontato che tutti gli esseri siano derivati: ogni biologo sa che non esistono spiegazioni scientifiche alla cosiddetta "macroevoluzione", ovvero alla nascita, per esempio, delle classi distinte dei vertebrati! L'inganno si fonda sulla presunzione che la singola cellula sia meno complessa dell'organismo pluricellulare.

In realtà un batterio possiede un'anatomia e una fisiologia complesse, che gli consentono di sfidare tutte le ere geologiche, di vivere alle più svariate condizioni ambientali, di sopravvivere alla morte di tutti gli organismi pluricellulari... noi umani non potremmo vivere senza i batteri, mentre loro l'hanno fatto per miliardi di anni, prima della nostra comparsa. Basta aprire un testo di biochimica per rendersi conto di quanto complesse e articolate siano le reazioni chimiche che in ogni secondo regolano la vita di una singola cellula.

La difficoltà ad accettare le teorie evolutive sull'origine degli esseri viventi diventa ancora più imbarazzante quando si confrontano tra loro le cause e i meccanismi proposti dalle analoghe teorie sulla genesi delle montagne e sulla genesi delle stelle.

Se lì si parla di moti convettivi con cui il calore interno alla Terra si propaga fino alla superficie e altrove di forza di gravità del nucleo della stella, qui, in biologia, si invocano mutazioni casuali e processi di selezione naturale dell'individuo più forte o comunque più adatto alla vita.

I potentissimi telescopi lanciati in orbita, come lo Space Hubble Telescope (SHT) hanno fotografato "stelle nascenti" nella nebulosa di Orione; si possono misurare spinte orogenetiche sull'Altopiano del Tibet, così come i movimenti delle "zolle" di cui è composta la litosfera terrestre; le macromutazioni capaci di dare origine a un nuovo progetto di vita non sono ancora state documentate.

L'unico senso ammesso è di non avere senso

All'inizio del XX secolo l'edificio darwiniano aveva subito un forte scossone perché finalmente, dopo trent'anni di assoluta indifferenza, era stata riscoperta la scienza della genetica mendeliana e l'ordinata stabilità matematica della vita (verificata nell'orto di un convento in sette anni di esperimenti) era in netto contrasto con il caotico disordine della natura selvatica affidata al caso.

Non dimentichiamo che Darwin scrive la sua ipotesi di evoluzione delle specie nel 1859, quando la biologia ignorava ancora l'esistenza di un cromosoma o di un acido nucleico e tanto meno si conosceva il codice genetico, la sintesi delle proteine, il processo di meiosi che porta alla formazione delle cellule riproduttive, la complessità delle strutture cellulari, i caratteri dominanti e quelli recessivi...

Sarebbero bastate le scoperte di Mendel per mettere in crisi l'edificio di Darwin, suo contemporaneo. È tristemente famoso, a questo proposito, il caso Lysenko della Russia comunista: il direttore dell'Accademia sovietica delle scienze agricole, Lysenko, rigettò il mendelismo a lungo, fino al 1965, sostenendo al suo posto la teoria dell'ereditarietà dei caratteri acquisiti dall'ambiente, garantendo così l'ortodossia del pensiero marxista, ma arrestando per decenni lo sviluppo della genetica nel proprio Paese.

Negli anni Trenta la teoria sintetica dell'evoluzione rappresenta un'integrazione tra l'evoluzionismo originario e la genetica appena scoperta, ma si limita a studiare la variabilità dei geni all'interno delle popolazioni, senza proporre alcuna valida interpretazione della macroevoluzione. Per Darwin il motore dell'evoluzione è la selezione naturale (lo si evince anche dal titolo della sua opera) a cui affida il compito anche di creare variabilità, in base alle conoscenze del suo tempo.

In realtà la selezione – per definizione del termine stesso – opera sui caratteri che sono già apparsi, quindi non crea alcuna novità anatomica o fisiologica; di questo, comunque, parlerò più avanti, in più occasioni.

In una civiltà evoluta come la nostra in cui ogni istante e ogni mossa vengono pianificati per raggiungere determinati obiettivi in modo che nulla venga lasciato all'improvvisazione, in ogni campo, dall'economia alla sanità, dalla sicurezza allo sport, allo spettacolo, ecc., si trova assolutamente "naturale" pensare che il nostro universo sia uscito alla lotteria, senza alcuna premeditazione e che la vita vi sia comparsa per pura fatalità, dopo infinite prove ed errori, fino ad arrivare a una scimmia che, impossibilitata a vedere sopra l'erba alta della savana, ha dovuto alzarsi e diventare per forza bipede...

I conti pubblici dello Stato si possono sanare solo con un duro lavoro sulle infinite voci del bilancio, che vengono "corrette" appositamente da illustri esperti di materia economico-finanziaria (senza poi riuscirci, ma questa è un'altra faccenda), ma le ali di un'aquila o l'utero di un mammifero non hanno bisogno di alcuna progettazione originaria: basta avere tanta pazienza e aspettare che una serie di "errori" nel DNA dei gameti vengano premiati da nuove situazioni ambientali, ovviamente imprevedibili, fino a produrre, per puro caso, quelle mirabili strutture che nessuna industria umana è mai riuscita a replicare e di cui ignoriamo pure la morfogenesi embrionale.

Sembra che non sia più lecito pensare che gli esseri viventi e le loro anatomie rispondano a categorie di finalità!

Tutto quello che l'uomo fa, da mattina a sera, è in funzione di qualche cosa; ma in natura non è così: tutto si forma e accade per puro caso e le relazioni che si stabiliscono tra gli organi di un apparato o tra gli individui di specie diverse sono assolutamente frutto di "aggiustamenti" o di *bricolage* secondari, che non devono in alcun modo lasciar trasparire un disegno intelligente.

Tutto, nella attività umana, risponde a una ricerca di senso; tutto, nella biologia evoluzionistica, è privo di senso.

L'unico senso che viene concesso agli esseri viventi è quello di non avere senso: siamo fatalmente condannati ad autoingannarci ogni volta che scopriamo, con la ragione, evidenze di finalità dentro e fuori di noi. Questo è il paradosso a cui dobbiamo credere: viviamo in un universo altamente finalizzato a convincerci che non sia finalizzato!

Ripensare la biologia oggi significa rifiutarsi di accettare come scientifica una visione del mondo che ha sostituito le categorie di progetto, finalità, intelligenza e ordine con il nulla, costituito dal caso e dalla selezione naturale.

La mutazione, il demiurgo fantasma a cui tutto è concesso

a) *La mutazione vincente*

Per il neodarwinismo la mutazione è la fonte della novità, è la vera e propria forza creatrice della natura.

Senza di essa la vita sarebbe un piattume eternamente uguale a se stesso e per di più, monotono, popolato solo da quelle poche cellule che sono riuscite a sdoganarsi per sempre dalla terra che le ha prima incubate e poi generate.

La mutazione fa ribollire di continuo la vita generando a ogni era nuovi boccioli e nuovi rampolli che poi l'ambiente, in un modo o nell'altro, sistemerà in una nicchia piuttosto che in un'altra.

Dal punto di vista materiale la mutazione è una deviazione chimica, periodica, spontanea, rispetto al modello originale del DNA, che accade durante le sue attività: la duplicazione (in vista della divisione della cellula), la trascrizione (quando impartisce le istruzioni al citoplasma) o la mitosi (cioè la divisione) della cellula.

Può anche essere indotta da agenti esterni fisici, come i raggi ionizzanti, o chimici. La mutazione (che è la versione moderna della variazione di Darwin) avviene con un ritmo di una ogni miliardo di batture (che sono le basi azotate di cui è composto il DNA); si tratta evidentemente di un tasso infinitesimale: nessuno potrebbe rimproverare una segretaria che abbia questa frequenza di errore alla tastiera del computer.

Tuttavia, considerando che il numero delle cellule di un organismo è dell'ordine di miliardi, possiamo dire che le mutazioni avvengono quotidianamente. Normalmente la mutazione non ha effetti visibili e risulta quindi "indifferente"; per produrre novità in biologia (in pratica una proteina diversa) la mutazione deve possedere diversi requisiti.

Primo fra tutti, deve modificare un sito funzionale della molecola.

Per capire il sito funzionale utilizziamo l'analogia della chiave: mentre la sua impugnatura può assumere indifferentemente svariate forme, alcuni dentelli superficiali non possono cambiare, pena la sua inefficacia; tali dentelli sono come il sito funzionale di una proteina.

Secondo, deve interessare la prima o la seconda base azotata del codone, non la terza, altrimenti produrrebbe un semplice sinonimo, senza realizzare alcun cambiamento reale. Il codone è la singola "parola" con cui il DNA si esprime, composta sempre e solo di tre basi poste in sequenza: tale parola, come accade nella lingua, possiede alcuni sinonimi, che differiscono tra loro solo nell'ultima lettera (che è la terza).

Per esempio: CCU, CCC, CCA e CCG sono quattro codoni tra loro sinonimi, cioè che hanno lo stesso significato biologico.

Ricordo che nel linguaggio internazionale della biochimica, C sta per citosina, U per uracile, A per adenina e G per guanina.

Per cambiare la parola, la mutazione deve evidentemente interessare una delle prime due lettere. L'ipotetica mutazione vincente nell'evoluzione dev'essere poi (*terzo requisito*) *ereditabile* e quindi deve verificarsi nella linea germinale, non nella linea somatica.

Quarto, deve sopravvivere alla fisiologica attività degli enzimi riparatori, presenti in ogni cellula. Non bisogna poi dimenticare *(quinto requisito*) che se la mutazione è recessiva, per poter manifestarsi nel fenotipo, *necessita di un'altra copia uguale*, proveniente dal partner riproduttivo.

Come si vede, devono verificarsi molte coincidenze perché una mutazione possa essere utile ai fini dell'evoluzione. Ma non è ancora sufficiente per far ribollire la vita. La proprietà più importante del prodotto della mutazione è *la sua capacità di generare un nuovo disegno di sviluppo embrionale, che porti ad una novità* visibile e sostanziale nell'organismo che si forma e che manifesta tutta la sua diversità rispetto ai genitori.

Tale proprietà morfogenetica non è stata ancora evidenziata per alcuna proteina conosciuta. In realtà, le mutazioni conosciute e a lungo studiate non hanno prodotto altro che difetti metabolici, mostruosità, tumori o nei casi più gravi, la morte.

La teoria dell'evoluzione prevede che le ali di un'aquila, così come il cuore di un giaguaro o la colonna vertebrale di una giraffa o ancora, il cervello di un uomo o la pelle di una rana... siano tutte "strutture" nate da mutazioni casuali! Ora, se la mutazione è un errore, la sua esistenza si deve a un testo originario (privo di errori). Concentrarsi sugli errori significa distogliere lo sguardo da ciò che realmente conta: l'originale e il suo messaggio!

L'occhio e la mente del professore di italiano si concentrano sul "significato" del testo e non sugli errori di ortografia, se vuole capire quello che lo studente voleva dire. In realtà l'originale (il DNA) progetta solo proteine, non "forme": il problema rimane ancora senza risposta.

Se risulta ancora sconosciuto il meccanismo con cui nascono le forme (gli archetipi degli esseri viventi, i loro assi, le loro simmetrie), sarà ancora più misterioso capire l'effetto morfogenetico degli eventuali "errori" statistici. La mutazione non c'entra con il problema delle forme degli esseri viventi, così come gli errori di ortografia o di sintassi presenti in un testo non hanno nulla a che vedere con il messaggio che si vuole comunicare. La spiegazione del contenuto dev'essere un'altra.

b) *Anche su grandi numeri, la mutazione rimane indifferente*

Esiste la possibilità di osservare da vicino le mutazioni in azione per verificarne la potenzialità creativa?

In altre parole, abbiamo la possibilità di controllare in tempi ragionevoli quello che la mutazione avrebbe dovuto produrre nell'arco di milioni di anni?

La risposta è affermativa, e possiamo evidenziare almeno tre casi significativi a tal riguardo: *il comportamento del virus influenzale, gli esperimenti di genetica effettuati su Drosophyla nei primi decenni del Novecento e il processo di sviluppo embrionale.*

Ogni anno nei più importanti laboratori di immunologia del mondo si pianifica il lavoro per preparare il vaccino per la malattia della stagione fredda, l'influenza. Occorre isolare il virus responsabile, inattivarlo e quindi produrre e commercializzare in grandissime quantità il vaccino, in tempi utili. Tuttavia, il ministro della salute ogni anno, a ottobre, ricorda che il virus muta in continuazione e quindi non solo non ha senso utilizzare il vaccino dell'anno precedente, ma nemmeno ha senso pensare che il vaccino di novembre protegga dalla malattia fino a febbraio. Ebbene, l'RNA del virus dell'influenza cambia in continuazione, probabilmente da milioni di anni. Eppure non si è mai visto un virus diventare un batterio o anche semplicemente sviluppare una membrana nucleare o un organulo cellulare: i virus osservati sono rimasti sempre tali.

Un'analogia con quanto accade nei virus si può riscontrare anche nel mondo degli insetti, questa volta però con mutazioni indotte dall'esterno. *Drosophyla melanogaster*, il moscerino della frutta, il prototipo degli studi di genetica moderni, è stata bombardata per anni da raggi ionizzanti per indurre mutazioni: nel XX secolo molte importanti scoperte di genetica sono nate proprio da questi studi.

Tuttavia, gli individui irradiati o morivano o risultavano sterili, o diventavano mutanti mostruosi: in tutti questi anni di esperimenti non è nata alcuna nuova specie!

Una terza considerazione che ritengo interessante a questo proposito riguarda lo sviluppo embrionale: in questa fase di vita, le cellule si dividono a un ritmo impressionante; nella nostra specie nell'arco di circa nove mesi lo zigote unicellulare produce miliardi di cellule, passando da qualche nano grammo a 3.000 o 4.000 grammi!

Le mutazioni, a tale ritmo mitotico, sono numerosissime, ma di novità interessanti, che portino fuori dal progetto di sviluppo, nessuna traccia. In altre parole, lo sviluppo dallo zigote all'organismo adulto riproduce in pochi anni le divisioni cellulari che avvengono in generazioni di adulti, consentendoci un'osservazione privilegiata, disponibile ai nostri esperimenti.

È come se, come quantità, le divisioni cellulari di una specie, che si sono distribuite nelle ere geologiche, fossero contratte nell'arco di pochi mesi; ebbene, non si registrano novità morfogenetiche rispetto al modello standard di sviluppo embrionale.

c) La mutazione è assente nel manuale di biochimica ed è ormai stanca

Nel Lheninger, il classico manuale universitario di biochimica, sulle 6.000 voci dell'indice, dedicate alle molecole e alle vie metaboliche della cellula, solo due paragrafi – sulle 1.000 pagine del volume – sono dedicati alla voce evoluzione e solo per descrivere il celebre esperimento di Stanley Miller sulla cosiddetta genesi chimica della vita, che analizzerò in profondità più avanti.

Nei testi di biochimica non c'è alcun cenno a ipotesi di evoluzione di una macromolecola o di un processo di sintesi!

Pensate: centinaia di pagine che descrivono reazioni chimiche concatenate che partono da semplici reagenti per giungere, via via, a molecole sempre più complesse, fino ad arrivare ai prodotti finali.

Ogni tappa di questi percorsi che portano a sintetizzare una proteina, un grasso, un polisaccaride o una qualsiasi altra molecola di cui c'è bisogno nel citoplasma, è catalizzata da appositi enzimi e coenzimi, i quali a loro volta sono modulati in funzione della quantità e dei tempi del prodotto: non c'è un atomo che non sia al suo posto per svolgere il suo compito in ogni istante. Il tutto procede nella massima complessità di sistema. Non si può immaginare di affidare alcuna operazione a una roulette! Dopo aver studiato il manuale di chimica organica o quello di chimica biologica, sorgono spontanee le domande fondamentali per un evoluzionista: dove sono le mutazioni in grado di cambiare la fisiologia cellulare, tappa fondamentale di qualsiasi processo evolutivo?

Ma soprattutto: come è possibile immaginare mutazioni per creare un sistema così complesso e articolato fin nei minimi dettagli?

E ancora: dove sono le mutazioni che hanno portato *step by step* al ciclo di Krebs? O quelle che hanno prodotto la glicolisi? O semplicemente la sintesi dell'insulina?

Sono tutte domande non solo senza risposta, ma senza nemmeno un'ipotesi di risposta. La teoria evoluzionistica azzarda una soluzione, aggirando il problema: la mutazione che si verifica oggi sotto i nostri occhi ha perso tutta la sua potenza creatrice, quella che aveva originariamente, un po' come è accaduto a Sansone dopo il taglio dei capelli.

Inutile cercarne gli effetti tra gli animali di oggi, perfettamente stabilizzati da generazioni e generazioni di tentativi.

La mutazione è già stata efficace: noi arriviamo troppo tardi per poterla vedere in azione.

Eppure, oggi, la mutazione può disporre di una variabilità genetica enorme, infinitamente maggiore di quella che aveva a disposizione all'inizio del cambriano. "Troppo tardi – si dice –, tutto esaurito", come nelle vetrine, a conclusione dei saldi di fine stagione.

Quando i geni non erano ancora stabilizzati, milioni o miliardi di anni fa, le mutazioni potevano dare luogo a novità importanti e positive, sostengono i nostri. Tale affermazione, che è fondamentale nella teoria, è chiaramente una forma di dogmatismo, qualche cosa che si deve credere, ma che non possiede alcun requisito sperimentale di scientificità.

Anzi, per la verità, cambiando disciplina, sarebbe come se i fisici insegnassero che adesso i gravi cadono, ma che milioni di anni fa avrebbero potuto anche salire, non essendo ancora stabilizzati.

In realtà le leggi scientifiche sono tali proprio perché hanno un valore universale: valgono ovunque e in ogni tempo, conservando le condizioni. È evidente, mi sembra, che la biologia evoluzionista non sa dare le risposte alle domande vere, quelle che tutti noi ci poniamo quando pensiamo alla vita.

CAPITOLO 2

I PARADIGMI DELL'EVOLUZIONE: LA SELEZIONE NATURALE

L'origine della specie per opera della selezione naturale

L'opera fondamentale di Charles Darwin, considerato il padre dell'evoluzionismo moderno, vede la luce nel 1859.

Quasi contemporaneamente, nel 1869, l'abate Gregor Mendel, pubblica i suoi lavori sull'ereditarietà, che però rimangono nascosti fino all'anno 1900 e quindi sono ignorati anche da Darwin.

Sicuramente la conoscenza immediata delle leggi mendeliane, che oggi costituiscono la base di tutta la genetica moderna, avrebbe reso più ardua la formulazione della teoria dell'evoluzione.

L'opera di Darwin *L'origine della specie per opera della selezione naturale* esce a Londra il 24 novembre del 1859 in 1.250 esemplari di 500 pagine ciascuno, che vengono prontamente esauriti.

Il titolo di un libro è sempre molto significativo; vale la pena anche in questo caso soffermarsi per analizzarlo e capire qualcosa di importante.

La selezione naturale così come quella artificiale, indotta dall'uomo, non può che agire su materiale disponibile, in altre parole, già esistente: una qualsiasi attività di selezione che conosciamo tutti, come quella del personale all'interno di un'agenzia specializzata, o come quella del commissario tecnico della Nazionale, non è altro che la scelta di alcuni elementi all'interno di un insieme più grande, sulla base di determinate esigenze e criteri di valutazione.

Il selezionatore sceglie ed esclude, ma non crea nulla di nuovo perché non ne ha il potere. È il creativo, è l'artista, è l'artigiano, è l'imprenditore... che crea, non il selezionatore.

Con questo titolo Darwin sposta abilmente l'attenzione del naturalista dallo stupore per l'essere alla presunta evidenza del suo divenire.

Per dirla con il prof. J. Ratzinger: "La fede nella creazione riguarda la differenza tra niente e qualcosa, l'idea dello sviluppo invece quella tra qualcosa e qualcos'altro" (J. Ratzinger, *In principio Dio creò il cielo e la terra,* Lindau 2006).

Il vero problema per tutti i biologi, evoluzionisti e non, rimane la creazione, ovvero la comparsa dell'essere di ogni singola specie: perché esiste qualcosa piuttosto che niente? Veniamo ora al nostro Autore.

Darwin parte dalle osservazioni raccolte durante i cinque anni del suo viaggio a bordo della Beagle nell'arcipelago delle Galápagos (termine che significa testuggine in spagnolo): gli indigeni sapevano identificare l'isola di origine di ciascuna tartaruga, a partire dalle caratteristiche anatomiche dell'animale.

Inoltre, le 13 specie di fringuello presenti nelle varie isole differivano tra loro per la forma del becco, che variava in funzione del regime alimentare. Era facile pensare a un'origine unica sia per le testuggini sia per i fringuelli: le barriere geografiche nel primo caso e l'ambiente nel secondo avrebbero provveduto alla diversificazione delle razze, senza dover moltiplicare l'intervento del Creatore.

Nella sua opera Darwin prende in esame anche osservazioni embriologiche (gli embrioni si assomigliano molto di più dei loro equivalenti adulti, come se avessero avuto un'origine comune) e osservazioni di omologie tra gli arti (le ossa del nostro braccio sono praticamente quelle dell'ala di un uccello o della zampa anteriore di un cane, come se derivassero da un prototipo comune).

Rimane tuttavia deluso dalla mancanza di prove paleontologiche di uno sviluppo graduale e continuo delle popolazioni.

Il meccanismo che Darwin propone come motore dell'evoluzione è la selezione naturale (lo si vede anche dal titolo).

Darwin osserva che in ogni popolazione di individui ci sono delle variazioni (*sporting plants*) che si presentano improvvisamente a ogni generazione, e mentre sono rare in natura, sono frequenti nelle coltivazioni. L'ambiente opera una selezione tra questi varianti, per cui, nella lotta per l'esistenza (*struggle for life*, di Malthus) alcuni sopravvivono e hanno prole e altri soccombono.

Quelli che sopravvivono e hanno prole (detti più adatti non da Darwin ma da Herbert Spencer) trasmettono quindi i loro caratteri alle nuove generazioni che lentamente si modificano.

Osserviamo – per inciso – che l'aggettivo "naturale" si riferisce a qualche cosa di estremamente concreto, ma a sua volta privo di alcuna finalità: all'acqua, all'aria, alla terra, alle calamità naturali, ai predatori, ecc. L'opera della selezione naturale è analoga a quella effettuata dall'allevatore o dal giardiniere in condizioni domestiche (è il primo capitolo del libro), per diversificare le razze di una determinata specie.

"Il naturalista giunge alla conclusione che le singole specie non sono state create separatamente, ma, al pari delle varietà, sono discese da altre specie" (C. Darwin, *L'origine delle specie per opera della selezione naturale*). Per Darwin quindi le forme viventi attuali sono il risultato di una evoluzione graduale e continua a partire da forme ancestrali.

> La selezione naturale opera soltanto mediante la conservazione e l'accumulo di modificazioni ereditarie infinitesimalmente piccole, ognuna utile all'essere conservato. La selezione naturale bandirà l'idea di una creazione continua di nuovi esseri viventi o di una grande e improvvisa modificazione della loro struttura (C. Darwin).

Il suo quadro viene completato con *L'origine dell'uomo* del 1871, in cui ritiene che anche la mente umana sia derivata da quella di un primate. È ancora una visione creazionista, sia pur con una buona dose di scetticismo, che lo accompagnerà per tutta la vita.

Secondo la scienza ufficiale contemporanea la teoria di Darwin è "sana" (Edoardo Boncinelli); si devono solo approfondire i meccanismi, correggere la versione "graduale" e attendere ancora una buona spiegazione della macro-evoluzione.

Una teoria scientifica è infatti per definizione imperfetta.

Tuttavia, secondo la scienza politicamente non corretta la teoria di Darwin non rende ragione delle diversità presenti tra le forme di vita: se l'effetto del fondatore può spiegare le differenze di carapace tra le tartarughe o se la selezione naturale può spiegare la diversa lunghezza del becco dei fringuelli, certamente né l'una né l'altra possono spiegare la tartaruga e il fringuello, così come l'ala di un'aquila o il latte di una femmina di mammifero.

È vero che anche la teoria della relatività di Einstein attende una conferma completa, tuttavia si fonda su fenomeni e su forze fisiche ben conosciuti, oltre che su numerosi risultati già convalidati; nella nostra teoria invece non si parla che di caso e di ambiente.

È interessante a questo proposito tener conto delle conoscenze biologiche di cui disponeva il naturalista Charles Darwin: la sua ipotesi di origine delle specie per opera della selezione naturale nasce in un periodo storico che ignora ancora:

- *gli elementi dell'ereditarietà dei caratteri;*
- *i cromosomi portatori dei caratteri ereditari;*
- *i gameti responsabili del concepimento dei figli;*
- *il processo meiotico che porta al dimezzamento cromosomico nei gameti;*
- *il DNA contenente le informazioni ereditarie;*
- *il codice genetico;*
- *la membrana cellulare;*
- *gli organuli e tutta la moderna citologia;*
- *tutta la biochimica;*
- *le mutazioni genetiche;*
- *la microbiologia;*
- *la complessità irriducibile degli organi.*

Forse si è preteso troppo da lui.

Basterebbe considerare il primo termine di questo lungo – e incompleto – elenco, per suscitare almeno qualche perplessità: l'autore vuole parlare di "origine" di differenze, ignorando tuttavia le leggi dell'ereditarietà! Sarebbe un po' come – per continuare il confronto avviato all'inizio con l'astrofisica – voler parlare di cosmologia (cioè della nascita e dell' evoluzione dell'universo) trascurando la forza di gravità, che è oggettivamente responsabile della distribuzione della materia su larga scala. Anzi, non solo trascurandola, ma anche contraddicendola: infatti i geni che si trasferiscono immutabili dai genitori ai figli perpetuando i caratteri della specie sono il contrario della "trasformazione" ipotizzata dal nostro per spiegare le differenze presenti in natura.

I cromosomi che i genitori trasmettono ai figli contengono pacchetti di istruzioni necessarie alla vita, stoccate, congelate e protette dalle malattie e dagli stessi errori, in modo da garantire che le future generazioni abbiano il cuore, i reni, il cervello, ma anche l'emoglobina e l'insulina indispensabili. I geni quindi sono i custodi della specie lungo le generazioni, perpetuandone tutto l'archetipo con la massima stabilità e sicurezza, così come la forza di gravità assicura, fin dall'inizio dell'universo, la nascita ciclica di nuove generazioni di stelle.

Le leggi dell'ereditarietà scoperte dall'abate Gregor Mendel sono la negazione di ogni forma di instabilità o di cambiamento, necessarie invece per consentire l'evoluzione della specie.

È interessante a questo proposito, registrare qualche perplessità che lui stesso riferisce:

> Confesso che sembra terribilmente assurdo che la selezione naturale possa aver formato l'occhio... tuttavia... Se si potesse dimostrare che esiste un qualsiasi organo complesso che non può essersi formato tramite molte tenui modificazioni successive, la mia teoria crollerebbe completamente. Io, però, non riesco a trovare un caso del genere.

Infatti, nelle pagine successive, a sostegno di questa affermazione, descrive come paradigmatico il caso della vescica natatoria che viene utilizzata nei pesci teleostei per stabilizzare la posizione del corpo in funzione della gravità che cambia con la profondità e nei pesci dipnoi, invece, per respirare l'ossigeno atmosferico in caso di secca. Ma ancora una volta, come si diceva a commento del titolo, non si affronta il vero problema: la comparsa della vescica natatoria.

Oggi, comunque, è difficile trovare qualche biologo disposto a credere che gli organi interni degli animali si siano formati per "tenui modificazioni"; prendono sempre più corpo la teoria saltazionista o la genetica dei sistemi che appunto prevedono brusche e complesse innovazioni nel corso della storia evolutiva.

È vero che nel XX secolo c'è stato lo sforzo di coniugare la teoria originale con le scoperte di Mendel, e si è arrivati alla formulazione della teoria sintetica dell'evoluzione, ma non è apparso nulla di sostanzialmente nuovo. Il termine "variante" di Darwin viene sostituito con la "mutazione" e la selezione naturale originaria si applica non più all'organismo intero ma ai suoi geni.

Tutta l'inadeguatezza della teoria a spiegare la macroevoluzione è rimasta e rimane tuttora, a mio avviso.

L'organismo secondo la teoria evolutiva

Ogni animale è costruito secondo una determinata logica perché possa vivere in un certo modo, occupando una certa nicchia ecologica; la sua anatomia e la sua fisiologia sono tali da consentirgli determinate prestazioni. L'aquila è fatta per poter volare con sicurezza, lo scoiattolo per poter saltare da un ramo all'altro, il cavallo per correre nella prateria, ecc. Questa è la sensazione che ciascuno di noi avverte quando osserva un documentario che illustra la vita di qualche animale (difficile vederlo dal vivo...). All'aquila non si rimprovera di non saper strisciare come fa il serpente, così come il cavallo non sente la mancanza delle ali per poter volare: ogni forma di vita ha una sua logica completezza e armonia. In molti casi si parla anche – sfrontatamente – perfino di bellezza! Nel modello evolutivo che tutti conosciamo, ogni animale è invece suscettibile di continue variazioni anatomiche e fisiologiche che lo trasformano, per gli uni in modo lento e graduale, per gli altri in modo catastrofico e immediato, arricchendolo di nuove possibilità, di nuovi organi o di nuove prestazioni.

Intendiamoci, qui non stiamo parlando delle piccole modificazioni che vanno sotto il nome di adattamento all'ambiente, come la peluria, la forma del becco o delle zampe, ecc., tutte varianti sullo stesso tema, cioè sulla stessa specie biologica; qui stiamo trattando invece delle macro evoluzioni, cioè del passaggio da una forma a un'altra, come da un pesce a un anfibio, o da una lucertola a un mammifero...

Questo è il peccato d'origine dell'evoluzionismo: pensare l'animale come capace di variazioni così fondamentali da fargli assumere connotati assolutamente diversi e imprevedibili.

Quello che l'animale è oggi, diventa assolutamente contingente... per così dire, banale. La realtà, a mio avviso, ci presenta invece animali perfettamente capaci di fare quello che sanno fare e assolutamente estranei a quello che non sono in grado di fare, anzi, assolutamente indisponibili a modificazioni vitali.

Le uniche modificazioni che noi conosciamo oggi sono le malformazioni, i tumori o ancora le malattie genetiche: si tratta in ogni caso di eventi che certamente non portano ad alcuna novità feconda di differenziamento.

Per gli evoluzionisti, in fondo, è come se all'interno del batterio ci fossero le condizioni – almeno come potenza – per poter diventare un organismo diverso; come se all'interno della scimmia ci fossero gli ingredienti di base – sia pur trattabili – perché possa generare un essere umano. Non ci sono evidenze sperimentali, mi sembra, che depongano a favore di questa idea.

La vera certezza sotto gli occhi di tutti è che il batterio continua a generare batteri da miliardi di anni e che la scimmia ha sempre partorito altre scimmie, da quando è apparsa sulla faccia della terra e tutto questo accade con la massima naturalezza e – sembrerebbe – con altrettanta soddisfazione (in termini biologici). Ogni volta che il batterio o la scimmia vengono irradiati per modificarli... non si produce alcuna novità significativa dal punto di vista evolutivo, anzi.

Insomma, ogni organismo dà la sensazione di sfruttare al meglio le potenzialità che possiede, facendo bene in ogni istante quello che fa, ai livelli sia macroscopici sia biochimici e citologici: le molecole che si trovano nelle sue cellule sono le migliori possibili per quello che devono fare.

È quello che Monod (*Il caso e la necessità*) chiama "il lato platonico del mondo": ogni organismo è conservatore per natura: mediante la procreazione esso si riproduce esattamente com'è. L'evoluzione non è una proprietà degli esseri viventi; una loro proprietà è piuttosto quella di essere immutabili; essi si tramandano ma il loro progetto rimane.

Il vero problema: l'origine delle forme

Il titolo dell'opera di Darwin focalizza l'attenzione del lettore sull'origine della specie, indicandolo come il vero punto interrogativo della scienza biologica.

In realtà la domanda che si pone ogni bambino quando vede gli animali e le piante non è: "Come mai si assomigliano tra loro, i cavalli e gli asini, gli scoiattoli e le volpi....?", ma: "Perché esistono? Perché la giraffa ha il collo così lungo? e perché l'aquila vola?".

Il vero problema che deve affrontare chi si occupa dell'origine degli esseri viventi non è – ripeto – il grado di somiglianza e di differenza, ma piuttosto la loro stessa esistenza.

I diversi "becchi" dei fringuelli possono anche essere un esempio di "microevoluzione", ma rimane il problema dell'origine del "becco".

È il grande tema delle forme della vita; in embriologia si chiama morfogenesi.

Gli embriologi sperimentali si sono avventati sulle uova delle rane per carpire il segreto della formazione degli assi cefalo-caudali, antero-posteriore, latero-laterale... la formazione della testa, del cuore, dei polmoni, delle zampe, ecc.

Si sono accumulati moltissimi dati in proposito, di genetica e di biochimica; si conoscono i geni che entrano in azione nei vari momenti dello sviluppo e le loro proteine, ma non si conosce ancora il nesso tra una determinata sequenza di nucleotidi del DNA e poi l'architettura anatomico-funzionale del singolo organo e dell'organismo intero che si sviluppano gradualmente ma inesorabilmente a partire da quella scrittura, ignaro delle infinite alternative che potrebbe seguire.

Si potrebbe dire che i biologi conoscono molto bene la grammatica e la sintassi della cellula durante lo sviluppo embrionale che dà luogo alla morfogenesi dell'intero organismo, ma non sanno identificare né la causa ultima di tutta l'opera, né il suo significato.

La colonna vertebrale con tutti i suoi metameri, le sue curve e le sue spine contiene un significato che trascende sia le cellule di cui è composta che il loro metabolismo biochimico, dalla prima all'ultima molecola coinvolta.

Per parlare di origine delle specie bisogna prima aver detto qualcosa di significativo sul tema dell'origine delle forme: prima si spiega perché esiste quello che esiste e poi si affronta l'esame comparato delle strutture per evidenziarne analogie o differenze.

Puntare tutto e solo sull'origine delle specie è come puntare tutto su un falso problema: sarebbe come chi, per spiegare l'esistenza degli uomini, analizzasse i loro cognomi cercando le radici comuni e le loro possibili differenziazioni temporali e geografiche.

La differenza tra tante specie è infatti spesso riconducibile a dettagli anatomici insignificanti rispetto alla struttura generale dell'organismo, così come insignificanti sono i cognomi o il colore della pelle per gli uomini.

La selezione naturale: l'esempio di Biston Betularia

Su ogni testo scolastico si racconta la storiella della farfalla *Biston betularia* per spiegare l'azione e l'efficacia della selezione naturale.

È l'esempio paradigmatico e, in molti casi, l'unico riportato.

Si tratta di una farfalla che vive nei boschi di betulla e presenta due varietà di colore, quella scura e quella chiara.

Dal momento che la corteccia della betulla è bianca, la varietà nera è facilmente identificabile dagli uccelli e viene quindi selezionata nel senso di sfavorita. All'esplodere dell'era industriale, anche la corteccia della betulla si ingrigisce a danno della varietà chiara di Biston.

Il fumo industriale ha quindi fatto selezione tra le farfalle, eliminando quelle chiare e premiando quelle scure.

A parte il fatto che, comunque, la Biston chiara difficilmente verrà eliminata in modo totale, sia perché non tutte le betulle diventeranno nere sia perché le ali consentono alle farfalle di rimescolarsi di continuo su ampi territori, ci si domanda, insieme a ogni studente che abbia seguito la storiella con un po' di attenzione: dov'è mai l'evoluzione di Biston? In che cosa consiste? In effetti, Biston è rimasta inalterata come specie e dalle sue uova sono nati ancora esemplari di farfalle, anche in faccia allo smog.

In realtà è accaduta una sola cosa, in quell'infelice boschetto a ridosso delle infaticabili ciminiere: è cambiato temporaneamente il rapporto percentuale tra i due colori della livrea. Sul sistema circolatorio o sulle trachee di questa farfalla, la selezione non ha potuto fare nulla, così come non ha cambiato di un millimetro la forma delle ali.

Ci aspettiamo che una teoria che si fonda sull'azione della selezione naturale sia corredata da esempi più significativi di questo.

La verità è che gli esseri viventi nascono già "completamente adatti" alla vita nel loro ambiente: sono dotati di tutti gli apparati necessari, da quello scheletrico a circolatorio, da quello respiratorio a quello digerente, da quello endocrino a quello riproduttore.

Generalmente poi, gli esseri viventi fanno figli: gli uni ne fanno molti, gli altri ne fanno meno; dipende da molte variabili...

La selezione naturale – in tutto questo – c'entra ben poco! A meno di sottolineare l'ovvietà che i malati o i vecchi sono meno desiderabili dei giovani e forti!

Quando meno te lo aspetti, la natura si mette a saltare

Abbiamo imparato dai Latini e l'esperienza ce lo conferma, che *natura non facit saltus*: la pianta cresce, ma lentamente; la Terra rivoluziona attorno al Sole senza brusche accelerazioni.

Secondo la versione più recente dell'evoluzione, invece, la natura, quando nessuno se lo aspetta, quando nessuno può vedere, nel silenzio della notte, compie dei salti inimmaginabili e, come nel paese delle meraviglie di Alice, produce tutte le novità che sono sotto i nostri occhi.

I reperti fossili non consentono di sostenere il modello graduale dell'evoluzione; in particolare le perforazioni "a carota" effettuate per esplorare i terreni per vari motivi hanno dimostrato che si alternano periodi di grande inerzia o stabilità biologica a improvvise estinzioni di massa o a esplosioni di nuove forme di vita come è accaduto per la prima volta, probabilmente, nel Cambriano, circa 600 milioni di anni fa.

La teoria evoluzionistica ha inglobato questa osservazione dipingendo una linea di sviluppo della vita in cui si prevedono momenti di grande stabilità per i geni e, all'improvviso, all'accumularsi di mutazioni significative, rivoluzioni totali dei "geni architetto" che portano a nuovi e imprevisti progetti di organismo. È la teoria degli "equilibri punteggiati", formulata da Gould e da Eldredge.

Come dalla bacchetta della fatina di Cenerentola, dai vecchi organismi nascono, all'improvviso, esseri viventi di famiglie o addirittura di tipi diversi. La mamma osserva stupita un figlio nel quale non può riconoscersi: durante lo sviluppo embrionale è avvenuto un "salto" incredibile. Le squame di pesce hanno lasciato il posto a una pelle nuda e sottile; le branchie sono state sostituite dalla pelle e dai polmoni; il cuore è cresciuto di un atrio...

Era un pesce l'animale che ha depositato le uova, era ancora un pesce l'animale che le ha fecondate... ma l'uovo si è sviluppato in una rana. I genitori non possono più vedere il figlio e viceversa!

Un "salto" li ha allontanati per sempre!

In che cosa consiste questo "salto" che nessuno ha mai potuto documentare e che nessun comportamento biologico lascia minimamente sospettare? Ecco l'interpretazione genetica che viene data oggi a questo fenomeno ipotizzato per spiegare il quadro paleontologico.

I geni strutturali lavorano in una rete controllata da altri geni, detti regolatori; le mutazioni nei primi possono accumularsi senza manifestazioni fenotipiche, per lunghi periodi, quindi senza evidenziare alcun cambiamento.

All'improvviso accade la mutazione del gene regolatore che attiva tutte le precedenti mutazioni sotterranee a rimorchio, manifestando un salto evolutivo di tutta l'architettura dell'organismo, nel quale l'originale non si riconosce più.

Il piano strutturale dell'animale, l'asse cefalo-caudale, l'asse dorso-ventrale, l'asimmetria destra-sinistra e l'asse prossimo-distale degli arti, dipendono da famiglie di geni regolatori piuttosto simili tra loro nelle diverse classi di animali; i geni esecutori sono più diversi e realizzano il piano specifico.

Inoltre, la genetica moderna può concludere che "ciascun dettaglio di un organismo dipende dall'insieme dei geni e che ciascun gene incide sulla formazione del complesso dell'organismo" (E. Mayr, *L'unicità della biologia*, Raffello Cortina Editore, 2005).

È come allargare una rotella di un orologio senza modificare le altre; o l'organismo cambia tutto insieme, oppure si arresta e muore.

Credo che si possa rilevare che, quand'anche fosse vero che la mutazione di un gene regolatore provoca a cascata una serie di fenomeni rimasti latenti per generazioni intere, bisogna riconoscere che ancora una volta l'intera morfogenesi dei "tipi" è affidata non a forze fisiche o a progetti, ma al caso e ai suoi capricci e quindi non è affatto spiegata.

Resta il mistero di un organismo i cui geni sono perfettamente concatenati in un sistema unico e che appare all'improvviso; il vero problema non è ancora stato affrontato: qual è l'origine del *pattern* o del *software* che consente – sia pur per salti – lo sviluppo non di un "mostro", ma di un essere completamente formato e vitale?

CAPITOLO 3

L'ORIGINE DELLA VITA

La vita: dalla chimica o dai genitori?

La sterilità è un problema che si sta diffondendo nella nostra società moderna di tipo occidentale: molte coppie non riescono a generare figli. La tecnologia oggi consente di superare questo limite offrendo le tecniche di fecondazione in vitro: i gameti, maschile e femminile, vengono fatti incontrare in una provetta, in un ambiente controllato. Dopo la fecondazione l'embrione dev'essere introdotto nel corpo di una donna che porti a termine lo sviluppo con una gravidanza.

Si dice, per semplificare, che il bambino, con questa tecnica, è nato in provetta; in realtà è frutto di una maternità e soprattutto è figlio di un uomo e di una donna che hanno donato le cellule riproduttive.

Fabbricare uno spermatozoo o un uovo è fuori di ogni immaginazione. Ogni essere vivente deriva da un altro essere vivente, compreso quello che nasce in un laboratorio. Questa è la regola fondamentale della vita: *omne vivum ex vivo*.

La vita non si genera spontaneamente dalla non vita.

Gli studi e gli esperimenti fatti per spiegare la comparsa della prima forma di vita sulla Terra, la più semplice, quella che fungerebbe da antenato comune a tutte le specie vissute ed esistenti, partono invece da un postulato che contraddice l'esperienza universale di tutti gli uomini; la vita emerge da una nuova e inedita organizzazione della materia inorganica che si è realizzata circa quattro miliardi di anni fa, quando la crosta terrestre si è sufficientemente raffreddata.

Dopo che Francesco Redi (1668), Lazzaro Spallanzani (1765) e Louis Pasteur nel XIX secolo hanno dimostrato, con mirabili esperimenti passati alla storia e riprodotti su molti libri di testo scolastici, che i vermi e i microbi non si generano spontaneamente dalla carne, dalla terra o dall'acqua, ma sono sempre figli dei loro genitori, ecco che nella seconda metà del XX secolo viene riesumata la vecchia teoria considerata da tutti pre-scientifica: la vita può nascere dal non vivente, addirittura dai gas presenti nell'aria, non occorre nemmeno un po' di sabbia. La tesi tuttavia non convince tutti gli scienziati, tanto che personaggi autorevoli come l'astronomo Hoyle formulano l'ipotesi che la vita provenga dallo spazio interstellare, da una meteora, rinviando e rimuovendo comunque la risposta.

Le ipotesi sull'origine abiogena della vita diventano particolarmente corpose a seguito degli esperimenti del laureando americano Stanley Miller del 1953, riportati su tutti i testi scolastici.

Se si miscelano in un'ampolla alcuni gas (vapore acqueo, ammoniaca, idrogeno, metano) che contengono gli elementi chimici tipici degli esseri viventi (carbonio, azoto, idrogeno e ossigeno), e se si sottopongono a scariche elettriche opportune, si può osservare, dopo un certo tempo, la formazione di alcune molecole importanti come gli amminoacidi. Con esprimenti successivi e similari si sono ottenute altre molecole importanti per la cellula come composti organici di varia natura, tra cui anche zuccheri o basi azotate. Da questi esperimenti, oggi facilmente riproducibili nei moderni laboratori chimici, che cosa si può dedurre?

Si può solo concludere che alcuni ingredienti fondamentali per la cellula (che è la più piccola unità vivente; per i virus bisogna fare un discorso a parte), come gli amminoacidi e gli zuccheri si possono sintetizzare a partire da composti inorganici, in ambiente controllato.

Non si può dedurre però che siamo in grado di sintetizzare la vita.

La vita, ovvero la cellula, è un'altra cosa rispetto ai suoi ingredienti.

Ogni uomo è costituito da circa 50 kg di acqua, da circa 10 kg di minerali e da altri 10 kg circa di proteine, grassi, zuccheri e acidi nucleici: di nessun grammo di questa materia possiamo dire che sia vivente, così come non lo sono l'acqua del rubinetto, lo zucchero che si utilizza in cucina o le proteine che si assumono in pillola.

L'uomo vive, le sue cellule vivono, ma le molecole che vi si ritrovano sono semplicemente necessarie alla vita. È ingannevole quindi presentare nei testi scolastici questi esperimenti come il fondamento scientifico della teoria dell'origine "chimica" della vita, ovvero dell'origine della vita a partire da composti inorganici presenti nell'atmosfera primordiale del nostro pianeta.

Vorrei sottolineare inoltre il fatto che queste esperienze non dimostrano nemmeno il presunto ruolo del caso nella formazione delle molecole biologiche, perché il laboratorio chimico è tutto tranne che un ambiente spontaneo! Nel laboratorio, per sua definizione stessa, si utilizzano strumenti frutto di elevata tecnologia umana, e ogni processo si deve realizzare in ambiente perennemente controllato.

Riporto alcune esemplificazioni, che aiutano a capire quanto sia stato "pensata" ogni procedura che ha portato a queste scoperte.

L'esperimento avviene in un'ampolla, cioè uno spazio circoscritto e in un ambiente totalmente privato di ossigeno; i reagenti utilizzati sono allo stato puro e molto concentrati; i prodotti devono essere sottratti all'equilibrio a mano a mano che si formano, per non essere prontamente distrutti o dalle stesse scariche elettriche che li hanno catalizzati o dai raggi ultravioletti provenienti dal sole, o ancora dall'acqua per idrolisi spontanea. Le molecole presenti nella cellula sono di dimensioni macro, ovvero sono polimeri (catene) pesanti e complessi formati da semplici monomeri (gli anelli della catena) uniti tra di loro in lunghe sequenze, allo stesso modo delle perle di una collana.

Questi polimeri si chiamano proteine e acidi nucleici (DNA e RNA); i loro monomeri sono rispettivamente gli amminoacidi e le basi azotate.

Gli amminoacidi naturali sono venti, mentre le basi azotate sono quattro adenina, timina (nel DNA), uracile (nel RNA), citosina e guanina. Una proteina è costituita da decine o da centinaia di amminoacidi, che quindi si ripetono in numero variabile a seconda del tipo e un nastro di DNA contiene milioni di basi azotate (meglio: di nucleotidi); i 46 cromosomi della cellula umana contengono in tutto tre miliardi di basi.

La sequenza dei monomeri di ciascuna proteina e la sequenza delle basi del DNA sono lineari (cioè senza ramificazioni laterali, proprio come accade nella collana di perle) e, soprattutto, non sono affidate al caso, cioè alla libera combinazione.

Un apposito codice presente nel DNA specifica la sequenza lineare degli amminoacidi della proteina. Il codice presente nel DNA – detto appunto genetico – non è fatto né di materia, né di energia: la sua dimensione appartiene al mondo dell'informazione e quindi non è spiegabile con i termini della chimica o della fisica. È come un software, che si avvale certamente di materia e di energia, ma ne è totalmente distinto come significato. Un linguaggio in codice presuppone un intervento esterno alla materia in grado di conferirle quel valore aggiunto di senso che costituisce la sua vera identità.

Il DNA non è una sequenza lineare di nucleotidi, ma piuttosto un messaggio scritto utilizzando un alfabeto di sole quattro lettere.

La nascita di un messaggio come quello presente in queste pagine non può essere spiegata con i termini materiali delle lettere dell'alfabeto utilizzate, ma solo con l'intelligenza dell'autore (pena una grossa offesa al sottoscritto!). La composizione di ciascuna macromolecola è finalizzata alla realizzazione di una funzione fisiologica specifica all'interno del sistema cellula; se questa si altera, il polimero non serve più a nulla. Questi esperimenti non hanno prodotto proteine, ma proteinoidi, così come non hanno prodotto polinucleotidi, ma pseudopolinucleotidi.

Infatti la reattività dei gruppi laterali degli amminoacidi e dei gruppi secondari delle basi azotate o ancora degli atomi di carbonio del ribosio, senza appositi enzimi, è incontrollabile e quindi dà luogo a macromolecole ramificate e non lineari, come troviamo nelle cellule.

In mancanza poi di codice, la sequenza degli amminoacidi non risulta funzionale. Un ultimo dato importante per i chimici: le proteine biologiche sono fatte esclusivamente di amminoacidi di tipo L, mentre le soluzioni di amminoacidi ottenute artificialmente sono sempre racemiche, cioè presentano sia il tipo L che il tipo D.

Ogni amminoacido infatti può presentarsi, in natura, conservando la formula chimica, con due forme tridimensionali speculari tra loro, come lo sono le nostre mani. Negli esseri viventi si ritrova solo una delle due forme, quella detta di tipo L, a causa dell'attività degli enzimi biologici che la prediligono nelle reazioni cellulari di sintesi.

È come fosse stata operata una scelta.

Come si vede, sono molte le considerazioni che ci inducono a ritenere "debole" o anemica la teoria sull'origine chimica della vita sul nostro pianeta.

In questa teoria si parla solo di molecole, ma la vita, che è quello che ci interessa, è un'altra cosa.

La terra, un pianeta unico

Gli esseri viventi che conosciamo non potrebbero vivere su nessuno degli altri pianeti del sistema solare che conosciamo.

Un pianeta in grado di ospitare le nostre forme di vita dovrebbe avere queste caratteristiche:

- orbitare attorno a una stella piuttosto stabile nel tempo: il sole non deve manifestare fiammate e depressioni continue, che hanno ripercussioni sui pianeti vicini;
- trovarsi a una distanza dalla stella tale da non surriscaldarsi e neppure congelarsi;
- possedere un involucro di gas che scherma i raggi ionizzanti e distribuisce il calore su tutta la sua superficie;
- possedere un campo magnetico che lo protegge dai raggi cosmici pericolosi;
- manifestare una temperatura compatibile con la stabilità dei legami chimici del carbonio;

- essere avvolto da un'atmosfera che contenga ossigeno in percentuale finemente determinata e nubi che consentano un ciclo dell'acqua.

Anche le caratteristiche uniche della Terra, per quello che sappiamo, richiedono una spiegazione che rientra in un progetto di intelligenza.

Le condizioni della Terra "finemente sintonizzate" con la vita non sono che un particolare di tutta la struttura materiale dell'universo che risulta "compatibile" con lo sviluppo e la presenza dell'essere umano al suo interno. Il "principio antropico", formulato negli ultimi anni dai fisici e da loro ampiamente condiviso, sostiene che

> le costanti fisiche e le misure cosmologiche potrebbero essere diverse senza modificare le leggi della fisica; solo che non avremmo avuto la formazione della materia, delle stelle, della vita. Non viviamo in un universo dove i valori numerici delle costanti sono necessari, ma in un mondo dove sono arbitrariamente tali da rendere possibile la vita (John Barrow, *Dall'io al cosmo*, Raffello Cortina Editore, 2000).

Il disegno intelligente non è iniziato con la vita sulla Terra, ma è partito prima, nell'istante del Big Bang, anzi, sicuramente nella fase della sua progettazione. Per i nostri scopi, non è possibile dilungarsi ora su questo importantissimo tema che investe tutta la cosmologia; ci dobbiamo accontentare di una feconda suggestione e rinviare ad altre occasioni.

L'esplosione biologica cambriana

In base alla teoria darwiniana classica, ci si aspetta che lo studio dei fossili confermi l'immagine dell'albero della vita con un fusto unico che poi si ramifica in una fronda sempre più frastagliata e alta: la prima forma di vita apparsa sulla Terra si sarebbe poi evoluta nel tempo dando luogo a una serie di linee collaterali e comunque tutte derivate.

Il quadro che presenta la paleontologia moderna contraddice invece questa iconografia, rappresentata in diversi modi e con diverso significato sui libri di biologia a seconda che si debba spiegare l'insieme delle classi esistenti oppure l'origine degli ordini o delle famiglie all'interno di una singola classe. L'immagine che ricaviamo dallo studio dei fossili non è quella di un albero ma piuttosto di una siepe dalla base molto ampia che si restringe verso la sommità.

Nel periodo geologico chiamato cambriano – circa 600 milioni di anni fa – in uno spazio temporale di qualche milione di anni sono comparsi tutti i *phyla* (ovvero tutti i tipi di esseri viventi, dai celenterati, agli artropodi, ai cordati).

Ricordo che la sistematica suddivide gli organismi dapprima in *phyla* (i contenitori più grandi), quindi questi in classi, poi, a loro volta, in ordini e quindi in famiglie, in generi, in specie, in varietà.

Se compaiono subito, nei primi fossili pluricellulari, i gradi gerarchici più alti (cioè i *phyla*) significa che la vita ha avuto un'esplosione iniziale che l'ha lanciata immediatamente in mille forme diverse, invece che aspettare la lenta e noiosissima trasformazione dell'antenato comune... Poi, molti rami, anche vigorosi, si sono estinti, come a seguito di una robusta potatura e qualche ramoscello ha potuto crescere e dividersi, ma il più ormai era stato fatto! S.J. Gould, forse la massima autorità in questo ambito, esprimendo un parere ampiamente condiviso dagli specialisti, ritiene che i tempi che ha avuto a disposizione l'esplosione di *phyla* cambriana siano dell'ordine di 5-10 milioni di anni, con preferenza per il limite inferiore (S.J. Gould, "Le Scienze" n. 316, dicembre 1994).

In 5-10 milioni di anni sono esplosi tutti gli ordini di uccelli attuali.

Lo stesso tempo vale per i gruppi di mammiferi.

E la stessa cosa vale per le piante a fiore.

I tempi che ha avuto a disposizione l'evoluzione si restringono sempre di più rispetto a quello che si pensava.

Cosa sono 5 milioni di anni? Stimando in 5-10 anni il tempo di una generazione di pesci, anfibi, rettili e mammiferi, si ottengono alcune centinaia di migliaia di generazioni; è il numero di generazioni batteriche che si succedono durante la vita di un uomo (M. Denton, *L'evolution-a-t-elle un sense?*, Fayard, 1997): è uno spazio di tempo troppo breve perché la pur fantasiosa selezione naturale possa operare e generare tutte le novità che la vita offre al nostro sguardo.

Analizziamo più in dettaglio le cose: I fossili più antichi sono forme di vita unicellulari di 3,5 miliardi di anni; poi, dopo quasi 3 miliardi di anni di invariabilità, 600 milioni di anni fa abbiamo le prime forme di vita pluricellulari (la fauna di Ediacara in Australia, estintasi prima dell'esplosione della fauna moderna del cambriano) e l'esplosione di vita del cambriano (530 milioni di anni fa), con la comparsa di tutti i *phyla* pluricellulari nell'arco di soli 5 milioni di anni.

È interessante inoltre sottolineare l'assenza completa di fossili nelle rocce sottostanti, nonostante tutte le ricerche effettuate in tal proposito.

Non si trova alcun "antenato comune"! Da allora a oggi ci sono state solo variazioni su temi anatomici ben definiti; non è comparso nessun nuovo *phylum* e solo pochi nuovi ordini (S.J. Gould) (E. Boncinelli, *Le forme della vita*, Einaudi, 2000). Si deve registrare quindi, oltre all'assenza assoluta di gradualità nella comparsa delle forme di vita, una sorta di involuzione: prima sono comparsi i tipi, poi le famiglie e quindi le specie. Il quadro evolutivo avrebbe previsto infatti una fase iniziale di differenziamento della prima specie in molte specie collaterali fino a quando la deriva non ha potuto dare origine a differenze con l'originale tali da poter parlare di una nuova famiglia e, solo dopo altre infinite differenziazioni, la comparsa di un nuovo tipo.

Questi dati contraddicono in modo forte la teoria del gradualismo a favore del saltazionismo.

Ancora, la teoria dell'evoluzione come progresso ci porta a pensare che l'uomo sia l'ultimo arrivato... ma non è vero; l'ordine di primati non è il più recente tra i mammiferi.

I pesci teleostei, il cui numero di specie è più della metà di quello di tutte le specie di vertebrati, appaiono all'epoca dei dinosauri, cioè dei rettili; avrebbero dovuto comparire prima ancora degli anfibi, invece!

L'immagine dell'albero evoluzionistico dev'essere sostituita con quella di un cespuglio con fronde molto ampie fin dalla base (è il cambriano); su queste fronde ampie di base si allungano pochi germogli; in altre parole la selezione non ha creato, casomai ha potato estinguendo molte specie. Sembra che le estinzioni di massa siano state numerose: secondo l'Università di Chicago le principali degli ultimi 530 milioni di anni sarebbero state cinque (ordoviciano, tardo devoniano, fine permiano, fine triassico e fine cretaceo), oltre a molte estinzioni minori.

Le estinzioni di massa, improvvise e catastrofiche, provocano morte e vita per le specie presenti secondo criteri casuali non riconducibili all'adattamento all'ambiente.

Quindi non è corretto parlare di era dei pesci, era dei rettili ed era dei mammiferi in successione, trascurando tutte le specie di invertebrati o di microbi presenti in continuità: si può parlare caso mai di una sola era, quella dei batteri, sempre uguali a se stessi da 3,5 miliardi di anni! I batteri possiedono la totalità delle gamme biochimiche presenti sulla Terra: sono adattabili, indistruttibili e diversificati.

Per loro non si parla mai di estinzione, nemmeno di fronte all'impatto antropico; mentre le altre specie sono spesso a rischio di estinzione.

Concludendo la nostra riflessione sul quadro offerto dalla paleontologia, bisogna considerare un altro aspetto importante: i fossili sono formati solo dalle parti "dure" di un organismo, come la conchiglia o lo scheletro. Questo limite invalicabile restringe notevolmente la possibilità di indagine per un evoluzionista: i fossili non possono dire nulla sullo sviluppo degli organi interni, come il cuore, i reni, i polmoni o il cervello stesso. L'evoluzione degli organi e degli apparati degli organismi si fonda solo su osservazioni comparate della loro struttura attuale, ma senza giungere ad alcun risultato accettabile. Si capisce quanto sia riduttivo spiegare – come si fa normalmente sui libri di testo – l'esistenza del cavallo con l'analisi di una sequenza di unghie e di dita fossili, ritenute consequenziali (e il cui quadro evolutivo cambia di continuo, in funzione del paleontologo e in funzione dei rinvenimenti aggiornati).

Comunque si vogliano analizzare questi fossili, un cavallo è ben di più di "quattro zoccoli che corrono" e sulla sua novità non si dice nulla!

CAPITOLO 4

L'ORIGINE DELL'UOMO

Siamo uomini grazie ai leoni e alle tigri... non ci basta?

La famiglia degli ominidi si distingue dagli altri primati, in particolare dalle cosiddette scimmie antropomorfe (scimpanzé, gorilla e orango), per un insieme di caratteri.

Se è vero che la scimmia è l'animale che più ci assomiglia è ancor più vero che le differenze fanno dimenticare le somiglianze: l'uomo è concepito per una vita radicalmente differente da quella di tutti gli altri animali. L'uomo è l'unico primate che sia in grado di stare perfettamente eretto per lungo tempo con l'articolazione delle ginocchia in estensione completa e con un minimo dispendio di energia muscolare; così la sua falcata, cioè il suo incedere a grandi passi, è altrettanto esclusiva.

La postura eretta implica un disegno particolare di ciascun osso dello scheletro, da quelli del cranio a quelli del piede.

L'uomo è dotato di linguaggio, di senso religioso della vita, di pensiero superiore, per cui è riuscito a sviluppare una civiltà e una storia, in cui si può riconoscere un prima e un dopo. Queste caratteristiche lo rendono infinitamente altro rispetto alla scimmia e a ogni animale...

Non esistono spiegazioni meccanicistiche della nascita del linguaggio, del pensiero superiore e del senso religioso: siamo onestamente di fronte a un grandissimo mistero.

Secondo il prof. Ratzinger, "l'uomo è l'essere che può dire tu a Dio per l'eternità" (J. Ratzinger, Paolo Flores D'Arcais, *Dio esiste?*, supplemento al n. 2/2005 di "MicroMega"): siamo ben lontani da poter invocare cause ambientali per spiegare la grandezza di questa definizione!

Risulta comunque difficile spiegare anche solo la nostra capacità di "raccontare barzellette con l'intento di far ridere".

Se penso poi al genio di chi ha creato un film come *Mary Poppins*, le distanze con la scimmia mi sembrano veramente infinite!

Mi concentro ora piuttosto sul carattere apparentemente più semplice da spiegare: la postura eretta.

La stazione eretta dell'uomo non è un dettaglio che potrebbe benissimo non esserci senza alterare la nostra identità: tutto lo scheletro – e quindi anche la muscolatura e la nervatura connesse, nonché la vascolarizzazione fine – è disegnato per sostenere un corpo che sta su due piedi e che cammina. A partire dalla pianta del piede, che deve fare da piedestallo stabile e flessibile, le modificazioni fini, ma complesse e coordinate, proseguono nelle ossa degli arti inferiori, nell'articolazione del ginocchio, nelle ossa del bacino, nella colonna vertebrale fino alla base dell'osso occipitale su cui si appoggia la scatola cranica.

Anche gli arti superiori sono adatti a una deambulazione bipede.

La nostra colonna vertebrale si dispiega in modo da proiettare l'asse del peso corporeo dai condili occipitali al bacino, passando attraverso i corpi vertebrali, che sono allo scopo di dimensioni progressive scendendo dal segmento cervicale a quello lombare.

Non esiste alcun osso umano che possa essere scambiato con lo scheletro di un altro primate. Nella scimmia il piede è fatto come la mano – la scimmia è quadrumane –; il bacino è stretto ed estremamente allungato, la colonna vertebrale è ripiegata in avanti; le spine cervicali sono enormemente sviluppate per l'ancoraggio dei potenti muscoli nucali che devono sostenere il cranio facciale; il neurocranio è piccolo; non è uno scheletro diverso dal nostro: è uno scheletro disegnato per un certo tipo di vita, tra gli alberi e senza grandi pensieri per la testa...

Per spiegare l'acquisizione dell'andatura eretta i paleoantropologi chiamano in causa le variazioni climatiche che hanno interessato il continente africano tra gli 8 e i 5 milioni di anni fa.

Le grandi scimmie africane vivono oggi esclusivamente nella foresta umida equatoriale della parte centrale del continente.

L'espansione, in quel periodo, della boscaglia rada e della savana a scapito della foresta vergine avrebbe creato le condizioni favorevoli allo sviluppo della bipedia. Scrive Phillip Tobias, uno dei massimi esperti in paleoantropologia:

> Saper correre attraverso le erbe alte della Savana, forse da un corso d'acqua alberato all'altro, può essere stato un vantaggio per quelle scimmie che camminavano a testa alta. L'andatura eretta dava a coloro che la praticavano la possibilità di vedere al di sopra dell'erba alta e di esplorare il paesaggio stando in guardia da predatori, come leoni e tigri.
>
> In breve, lo stimolo che ha provocato la comparsa degli ominidi potrebbe essere stata la risposta alle drastiche modifiche ambientali del Miocene finali (Phillip Tobias, *L'acquisizione dell'andatura eretta*, in *Homo, viaggio alle origini della storia*, Cataloghi Marsilio 1985).

Anche Ernst Mayr, considerato il più grande biologo teorico dell'evoluzione, morto recentemente, si colloca sulla stessa posizione, aggiungendo che la pericolosa savana ha premiato l'ingegno delle australopitecine che cominciano a lanciare pietre, a brandire rami e soprattutto ad accendere il fuoco.

Insomma, se siamo uomini, lo dobbiamo alle tigri e ai leoni che hanno eliminato tutte le australopitecine "imbranate", premiando tra loro gli individui più ingegnosi... Credo che cause ambientaliste siffatte la dicano lunga sulla difficoltà a spiegare l'evoluzione in termini di mutazione e di selezione. Le mutazioni che portano alla postura eretta nessuno le ha ancora viste né saprebbe immaginarle in termini molecolari o genetici e... i leoni continuano a farci paura anche se siamo diventati alti. Credo che nessuno possa credere che la complessa architettura delle travi d'acciaio della Tour Eiffel si spieghi con la necessità che aveva l'ingegnere di elevarla sopra le case di Parigi per fruire di un inedito sguardo dall'alto. Nella spiegazione evolutiva rimane inelusa la domanda fondamentale: come si è originata tutta la biodiversità che identifica la postura eretta dell'uomo? A questa domanda, nessuna risposta.

Ad alleviare la nostra insoddisfazione rimane però il simpatico sipariettto della savana che cresce e dei felini che ruggiscono e sbranano le scimmie piccole e bruttine...

L'apparato riproduttore: un piacevole scherzo della natura

L'apparato riproduttore si distingue nettamente da tutti gli altri apparati del corpo per una caratteristica fisiologica fondamentale: presenta una funzione che esula completamente dal mantenimento in vita del corpo stesso. Ciascuno di noi potrebbe vivere e morire – da un punto di vista strettamente biologico – senza questo apparato, mentre non potrebbe vivere senza il sistema cardiocircolatorio o senza il sistema immunitario. La riproduzione sessuata rappresenta la norma per tutti gli animali vertebrati, ma è largamente diffusa anche negli invertebrati, a partire dai pluricellulari ritenuti più semplici come i poriferi (le spugne). Anche nel mondo vegetale rappresenta la norma.

La prevalenza della riproduzione sessuata su quella asessuata dipende dal fatto che consente il rimescolamento continuo e casuale del corredo genetico della specie, favorendone la vitalità.

Vorrei a questo punto analizzare un aspetto interessante della modalità riproduttiva degli esseri viventi.

All'interno delle gonadi maturano cellule che dimezzano il corredo cromosomico in vista della fecondazione di cellule che si trovano in un altro corpo. I gameti di un corpo sono cioè finalizzati ai gameti di un altro corpo che non conoscono; hanno una funzione extracorporea.

Al di fuori di questo contesto, non hanno veramente alcun senso!

Ci chiediamo: come avrebbe potuto nascere per tentativi un processo meiotico finalizzato a fecondare una cellula che non si trova nel corpo dell'uomo, ma in quello della donna, che lo spermatozoo sicuramente non vede e di cui non conosce nemmeno l'esistenza?

E ancora: se la prima cellula o il primo metazoo apparso sulla Terra non avesse "inventato" contestualmente alla sua "comparsa" un meccanismo riproduttivo, non si sarebbe ridissolto nel nulla dal quale misteriosamente era emerso? La sessualità è l'esecuzione di un evidente disegno: quello di riprodurre l'essere vivente.

È incredibile un corpo all'interno del quale alcune cellule si modificano in modo assoluto per eseguire un compito che non dà alcuna struttura al corpo né ne migliora la fisiologia: è il compito della riproduzione. La riproduzione, in altre parole, trascende l'individuo: come avrebbe potuto apparire per caso, e, magari, per tentativi?

La considerazione della riproduzione è fondamentale nella comprensione del fenomeno della vita; qualsiasi "novità" primordiale si sarebbe prontamente dissolta senza la possibilità di replicarsi, ma nel contempo la replicazione non è a priori costitutiva dell'identità dell'essere vivente. Come non accettare la presenza di una finalità esplicita nell'essere vivente capace di riprodursi? Altrimenti, continuiamo a credere nel paradosso di un apparato riproduttore che appare senza alcun motivo, per i soliti tentativi generati da errori, selezionati dall'ambiente – in ossequio alla nostra teoria – e che garantisce la perpetuazione nei figli di un modello di vita che non ha alcun senso.

Insomma, oltre al danno di essere venuti al mondo senza alcun progetto, anche la beffa di essere costretti a riprodurre (in eterno, o quasi) con piacere questa mostruosità...

La presunta serie umana

Molte persone non prendono sul serio la critica all'evoluzione perché danno per scontato che l'uomo discenda da una scimmia e quindi, per la proprietà transitiva, deducono che ogni specie deve essersi evoluta a partire da un'altra che l'ha preceduta.

Le immagini sui testi e i documentari televisivi sono molto eloquenti: una scimmia quadrumane, brutta e pelosissima, si erge progressivamente su due piedi, dirada e accorcia la peluria, migliora l'espressione facciale e, come in un gioco di ricostruzione dell'identikit al computer, diventa un essere umano così come oggi lo conosciamo.

A favorire poi un senso di evoluzione contribuisce non poco la trasformazione culturale che ha vissuto l'umanità a partire dai suoi albori passando attraverso le varie scoperte che l'hanno portata alla società tecnologica odierna. L'evoluzione culturale – si pensa – sottintende un'evoluzione biologica. In realtà i due fenomeni sono distinti: l'uomo che viveva nelle caverne e che cacciava per procurarsi il cibo o che accendeva il fuoco per riscaldarsi possedeva già tutte le proprietà della natura umana, per definizione stessa. Certamente era molto assorbito dalla materialità della vita e trascorreva tutto il suo tempo a cercare di sopravvivere alle intemperie, ai pericoli, alla fame, ecc. mentre oggi è capace di guardare la televisione per ore e ore, ma la natura umana è rimasta invariata nelle sue prerogative.

Il bambino e l'anziano hanno due *ménage* quotidiani molto diversi, eppure sono uomini.

La somiglianza (in ogni caso discutibile) con la scimmia, nella fattispecie lo scimpanzé, il gorilla e l'orango (le cosiddette antropomorfe) conferma definitivamente la convinzione. Nella cultura contemporanea si respira un forte desiderio di assimilare totalmente l'uomo alla scimmia. In questo desiderio è evidente il tentativo di ridurre le qualità dell'uomo a istinti e, comunque, a pura biologia, con ricadute importanti sia nel campo dell'etica che nel campo esistenziale. Ma esiste anche, dall'altra parte, la volontà di assimilare la scimmia all'uomo, in modo che ne possa godere tutti i diritti e salvaguardala così dall'estinzione: sono state avanzate proposte anche in questo senso, in Europa.

Incontriamo ora quella che ci sembra essere la realtà delle cose.

A essere onesti, le differenze morfologiche – senza dover parlare di quelle metabiologiche – sovrastano di gran lunga le somiglianze.

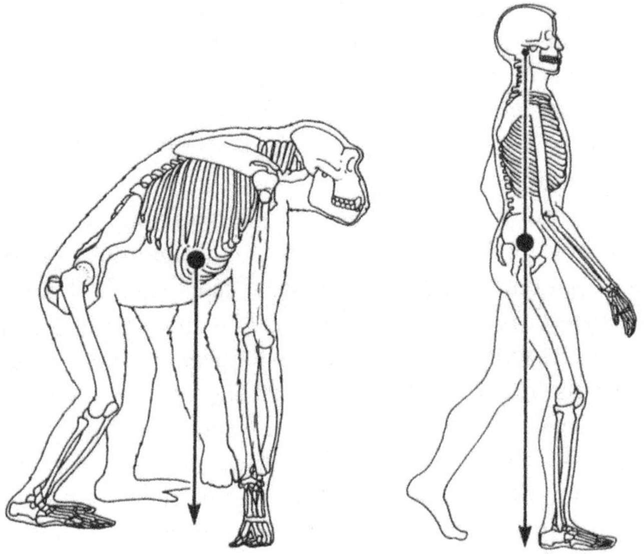

Sopra a sinistra la posizione quadrupede di una scimmia antropomorfa (gorilla); a destra la stazione eretta dell'uomo di oggi. Nella scimmia antropomorfa l'asse di gravità cade fra gli arti anteriori e posteriori. Nell'uomo l'asse di gravità parte dai condili occipitali del cranio e passa vicino alla colonna vertebrale, attraversa il bacino, fin giù ai piedi con i loro tre punti di sostegno (tallone, alluce, mignolo), con adattamenti anatomici in tutte le parti dell'apparato locomotore dalla base del cranio all'alluce.

È difficile riconoscere il nostro volto guardando quello di una scimmia, a meno che non ci si accontenti di due occhi, un naso e una bocca semplicemente "in posizione"; allo stesso modo, guardando all'altra estremità del corpo, i piedi, non si possono riconoscere analogie.

Nessun osso dello scheletro è uguale (e sono 210 ossa), anche se si ritiene che il 98% del DNA sia sovrapponibile (recentemente si è arrivati anche al 99,5%). È da notare – per inciso – che anche se si arrivasse a coprire quasi totalmente la differenza genetica che separa l'uomo dalla scimmia, il mistero della nostra identità, anziché ridursi, si infittirebbe ulteriormente: se il DNA è uguale, significa infatti che le nostre prerogative umane hanno sede altrove. E dove, se non nel codice della vita?

Tutto lo scheletro di una scimmia è "progettato" per distribuire l'intero peso corporeo sui due piedi e sulle due mani, mentre i piedi sono fatti per arrampicarsi sugli alberi.

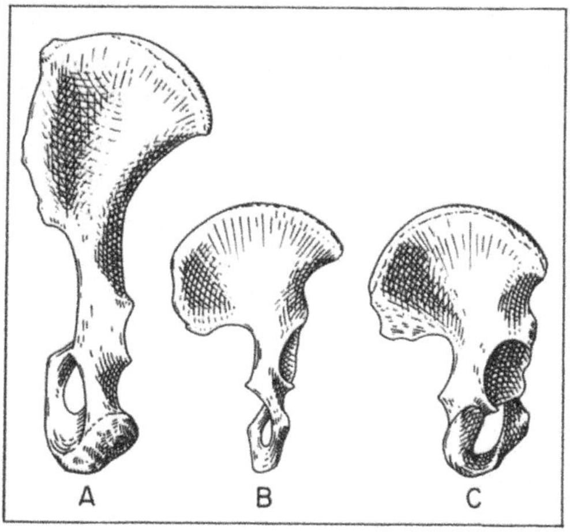

Pelvi destro di scimpanzè (A), di Australopithecus africanus (B) e di uomo (C)

Tutto lo scheletro di un uomo è invece disegnato per distribuire il peso sui due piedi, predisposti per la deambulazione bipede e per la falcata sicura, esclusiva del genere umano. La postura eretta dell'uomo comporta infatti una particolare architettura di tutto l'asse verticale: il cranio deve articolarsi con la prima vertebra cervicale senza sbilanciarsi in avanti; la colonna vertebrale deve scaricare il peso con le sue lordosi e cifosi; il bacino dev'essere corto e largo per ravvicinare l'articolazione lombo-sacrale all'articolazione ischio-femorale; il ginocchio dev'essere leggermente convergente; il piede deve poggiare al suolo su tre punti (come un treppiede artificiale). Di conseguenza si adattano a ossa siffatte, i legamenti, i muscoli, i vasi, i nervi, e quindi, in ultima analisi, anche i visceri. Il movimento della scimmia, nel bosco, tra il suolo e i rami degli alberi, comporta: un cranio prospiciente sul lato facciale, con atrofia della parte neurale, con articolazione vertebrale praticamente parallela al terreno; una colonna tutta ricurva; un bacino lungo e stretto che non le consente di stare sui piedi; un arto inferiore e un piede che sono fatti per arrampicarsi. I muscoli del collo, quelli nucali, sono particolarmente sviluppati, perché devono sostenere la faccia fortemente sbilanciata in avanti; i glutei viceversa sono atrofizzati perché non devono sostenere la colonna; i legamenti, i vasi, i nervi e tutto il resto si devono adattare a questa impalcatura ossea.

Come si vede, le differenze anatomiche ci sono e sono anche macroscopiche. Dove siano le mutazioni genetiche capaci di produrle, nessuno lo sa. Certamente, le differenze più importanti riguardano la sfera metabiologica: il linguaggio, la coscienza, il senso religioso, l'intelligenza.

Solo l'uomo ha sviluppato una forma di comunicazione di altissimo livello, che gli ha consentito di elaborare una cultura attraverso la veicolazione di concetti astratti. Solo l'uomo si interroga sul senso della vita ed è cosciente di farlo. Solo l'uomo si prende la briga di interrogarsi sulle sue origini. "L'uomo è l'essere vivente capace di dare del tu a Dio per l'eternità" (J. Ratzinger). Il quadro evolutivo canonico prevede che l'ominazione sia passata attraverso le seguenti fasi, durante l'ultima era, quella quaternaria, iniziata circa due milioni di anni fa:

1) *Australopitecus*;
2) *Homo habilis*;
3) *Homo erectus*;
4) *Homo sapiens*.

Il quadro viene costruito a partire dai fossili che possediamo: generalmente frammenti di scheletro o pezzi di cranio; solo in rari casi si rinviene lo scheletro quasi completo.

Il "grado" di ominazione del reperto fossile viene valutato in base a pochi parametri, quali: la capacità cranica; la forma delle ossa del cranio; il tipo di dentizione (solo quello umano è di tipo onnivoro); la conformazione delle ossa del bacino; il rapporto tra gli arti superiori e quelli inferiori; l'industria associata (gli utensili utilizzati). Infatti bisogna precisare una cosa importante a questo riguardo: mentre le specie viventi vengono definite in base a un criterio di tipo biologico-relazionale (= sono comunità di individui potenzialmente interfecondi e che danno origine a prole feconda), le specie fossili, non potendo godere di questa verifica di tipo genetico, vengono create in base a criteri morfologici.

Homo habilis e *Homo erectus* vengono dunque presentati ufficialmente come due forme di transizione verso la specie sapiens, ma le cose, analizzate alla luce di tutti i dati disponibili e senza escludere alcuna possibilità, potrebbero anche essere andate diversamente. Vediamo insieme alcuni punti fermi, prima di tirare conclusioni affrettate o dettate da pre-giudizi:

1. Abbiamo a disposizione ritrovamenti piuttosto scarsi in termini numerici e molto variegati tra loro, oltre che estremamente frammentati: spesso ogni reperto è un caso a sé, difficilmente omologabile agli altri per poter ricostruire una specie fossile;
2. La datazione delle ossa fossili è sempre molto incerta, per l'incertezza dei metodi utilizzati, gli isotopi radioattivi o i criteri geologici;
3. Se tra i reperti fossili non si ritrova il bacino, è praticamente impossibile dedurre il tipo di movimento, se arboricolo o bipede terrestre;
4. Dalle ossa è impossibile risalire al grado di peluria dell'individuo;
5. La capacità cranica della specie umana attuale è compresa tra un minimo di circa 800 e un massimo di circa 2.100 cm cubici, senza alcuna relazione volume-intelligenza (ovviamente i valori estremi, inferiore e superiore, non sono diffusi in ogni popolazione umana attuale).

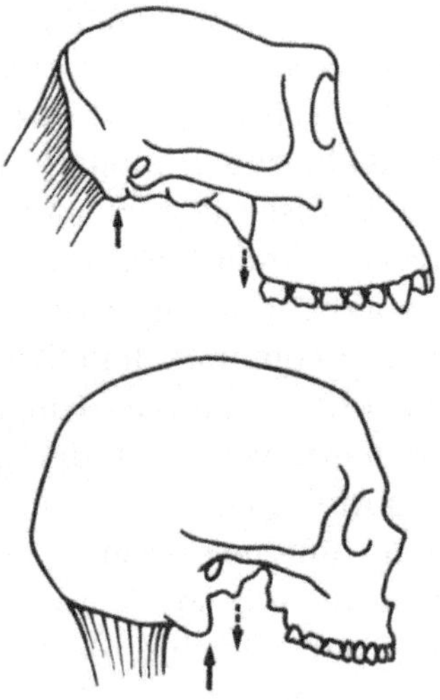

Posizione e portamento del cranio in una grande scimmia (A) e nell'uomo moderno (D). Le linee tratteggiate indicano i vari gradi di sviluppo dei muscoli nucali e la direzione di trazione delle fibre muscolari. La freccia verso il basso indica la posizione approssimativa del centro di gravità del cranio; la freccia verso l'alto indica la posizione dei condili occipitali. Lo spostamento all'indietro del centro di gravità nell'uomo è dovuto, da un lato allo sviluppo del cervello e dall'altro alla riduzione dei denti e delle mascelle.

A ridosso del limite inferiore è possibile inserire anche tutto il cosiddetto *Homo erectus*, che presenta valori assimilabili a quelli umani (e diventerebbe in questo modo sapiens). Al di sotto di questo limite si collocano l'*Australopitecus* (4-500 cm. cubici) e il cosiddetto *Homo habilis*. Mentre il primo è sicuramente una scimmia, anche il secondo, l'*Homo habilis*, dovrebbe essere stato scimmia a tutti gli effetti, considerando che la sua capacità cranica è nettamente inferiore ai valori dell'uomo attuale. Propende per questa ipotesi anche l'osservazione che i rapporti tra gli arti superiori e gli arti inferiori rivelano proporzioni di tipo scimmiesco, che le falangi sono più lunghe di quelle umane e addirittura curve e che il piede non rivela la stabilità di articolazioni necessaria per la deambulazione eretta. Una domanda comunque è ineludibile a questo proposito: cosa si può dire sul loro linguaggio o sulla loro autocoscienza?

6. Il prognatismo accentuato (è la mandibola sporgente in avanti) o i tori sopraorbitari (sono le arcate sopraccigliari degli occhi), la cui presenza nel cranio fossile è ritenuta indicativa di insufficiente "ominazione di tipo *sapiens*" si possono riscontrare

anche in popolazioni umane attuali o recenti, soprattutto se si cerca al di fuori dell'ambito europeo.

7. La definizione di specie biologica è di tipo relazionale e non morfologica: una specie è un insieme di popolazioni interfeconde e che danno prole feconda. Dalle ossa non si può dedurre l'interfecondità dell'individuo con altri individui, pertanto la distinzione delle specie *habilis* ed *erectus* non ha fondamento.

8. Le ricerche recenti dimostrano che esemplari di *Australopithecus*, di *Homo habilils* e di *Homo erectus* erano contemporanei e non in successione, come avrebbe voluto la teoria dell'evoluzione.

9. La paleoantropologia è una scienza complessa, affidata a pochissimi studiosi nel mondo, che difficilmente possono aver visionato tutti i frammenti di scheletro ritrovati nelle diverse località del pianeta; gli alberi filetici e le datazioni dei reperti variano quindi spesso da autore ad autore e cambiano poi, anche per lo stesso autore, a seguito di nuove scoperte o di studi anatomici più approfonditi.

Alla luce delle attuali conoscenze paleoantropologiche la serie umana canonica diventa quindi così sfumata da consentire agli studiosi di far slittare gli esemplari fossili (peraltro scarsi) in avanti o indietro con una certa mobilità a seconda dei loro punti di vista, delle nuove datazioni effettuate, delle nuove pubblicazioni di anatomia comparata, o ancora delle nuove scoperte. Nell'attuale contesto potrebbe essere quindi possibile inglobare il cosiddetto *Homo erectus* nella specie sapiens, fosse anche come una sua varietà, e retrocedere il cosiddetto *Homo habilis* al mondo delle scimmie, al quale appartengono anche, indiscutibilmente, le australopitecine.

Teniamo presente infatti che quando parliamo di *Homo erectus* (così come di *Homo habilis*) facciamo riferimento a un insieme di reperti abbastanza simili tra loro dal punto di vista morfologico, ma di cui non possiamo dire né se fossero interfecondi, né tanto meno se lo fossero con individui di altre specie. Inoltre, è lecito chiedersi se la sola capacità cranica, in presenza di uno scheletro di tipo umano, possa essere ancora discriminante: sappiamo che non esiste relazione di proporzionalità tra il volume del cervello e l'intelligenza. Non è da escludere quindi che domani i paleoantropologi possano avallare questo modello, peraltro già oggi ipotizzato e, almeno in parte, condiviso.

La questione dell'origine dell'uomo rimane pertanto ancora aperta per almeno due motivi: primo, perché non si danno spiegazione scientifiche soddisfacenti della nascita e dello sviluppo delle nostre prerogative biologiche e metafisiche; secondo perché il quadro fornito dalla paleoantropologia è, di fatto, oggetto di continue revisioni e non consente di avvalorare l'ipotesi di "forme intermedie" tra la scimmia e noi.

L'uomo rimane lì, in tutta la sua irriducibilità, traboccante di mistero e di bellezza. Il nostro pensiero è ancora libero, quindi, di spaziare e di toccare il cielo, senza dover appesantirsi avvolto dai lunghi e fitti peli della scimmia progenitrice.

La sensazione che proviamo, che la nostra natura umana non possa "divenire", ma possa soltanto o "essere" o non essere, risulterebbe ancora confermata dalle conoscenze biologiche attuali, alla luce di una seria e approfondita analisi, scevra da qualsiasi pre-giudizio.

Capitolo 5

Il disegno intelligente della vita

La teoria del disegno intelligente

Il termine "disegno" e il suo aggettivo "intelligente" sono molto antichi. Nella Bibbia se ne parla in Sapienza 13; così in molti autori dell'epoca classica; in S. Tommaso nella *Summa teologica*, ecc.

Tuttavia l'espressione viene usata in modo tecnico, per indicare una teoria scientifica e non una semplice intuizione filosofica o anche naturalistica, in particolare in due autori americani, in due opere importanti. La prima è *Darwin on Trial* del 1991, di Phillip Johnson, considerato il padre della teoria omonima (consigliere del Center for Science and Culture). La seconda è *Darwin's Black Box* (1996) di Michael Behe, docente di biochimica all'università in Pennsylvania.

Non sono state tradotte in italiano. L'*Intelligent Design* ("il Disegno intelligente") è l'affermazione che alcune parti della natura vengono meglio spiegate come il prodotto dell'azione deliberata di un agente intelligente. Un buon esempio è quello del monte Rushmore, su cui sono scolpiti i volti di quattro presidenti americani. Vedendoli, anche un turista che non ne avesse mai sentito parlare capirebbe che sono il frutto di un progetto, non del vento e dell'erosione.

In biologia accade una cosa simile: la scienza ha scoperto che parti della natura danno una forte impressione di essere il risultato di un progetto. Di tali aspetti si dà un migliore resoconto considerandoli prodotto di un progetto piuttosto che del caso e della selezione naturale". Così, con queste parole il prof. Michael Behe illustra il proprio pensiero critico nei confronti del darwinismo, facendosi portavoce di un movimento culturale, quello dell'Intelligent Design (I.D.) che è nato recentemente negli USA e che, in qualche modo, è approdato anche in Italia. Recentemente importanti riviste scientifiche e dibattiti televisivi hanno dato una certa visibilità a questo nuovo fenomeno.

L'opera più importante, indispensabile per capire il pensiero di questo movimento culturale – che comunica anche attraverso un ricco sito web – è certamente *Darwin's Black Box* ("La scatola nera di Darwin"), da cui è stata tratta la citazione. L'autore, Michael Behe, sostiene che quando il naturalista inglese Charles Darwin scrive la sua opera fondamentale *L'origine delle specie per opera della selezione naturale*, nel 1859, le conoscenze scientifiche del tempo non avevano ancora svelato i segreti della vita, così come oggi, sia pur in modo ancora imperfetto – come lo sarà sempre –, appaiono chiari e spesso divulgati anche al grande pubblico.

La scatola nera di Darwin, ovvero ciò che lo scienziato ignorava in compagnia di tutti i naturalisti del suo tempo, è costituito da tutte le immense conoscenze che oggi infittiscono i manuali liceali e universitari di citologia, biochimica, genetica, anatomia e fisiologia. Pensiamo che nel 1859 non si conosceva non solo la struttura e la funzione del DNA, ma anche tutta la genetica mendeliana (pubblicata coeva all'opera di Darwin, ma ignorata fino al secolo ventesimo); non solo i cromosomi, ma anche le cellule riproduttive; non solo il codice genetico, ma anche la stessa membrana cellulare.

Gli esseri viventi che si dispiegano ai nostri occhi nei manuali di biologia moderna rivelano una complessità, una finalità e un significato che erano inimmaginabili con gli strumenti di indagine disponibili nel XIX secolo, quello che ha dato vita alla Teoria dell'evoluzione. Per questo è necessaria una revisione radicale del lavoro di Darwin. Secondo Behe, la categoria fondamentale per interpretare le strutture anatomiche e il loro significato fisiologico presenti negli esseri viventi, a partire dalla singola cellula, non può più essere la mutazione casuale fissata dall'ambiente, ma la "complessità irriducibile".

Una struttura rivela una complessità irriducibile quando presenta una funzione che è indipendente dal significato di ciascuno degli elementi che la compongono.

Per esempio, citando l'altro grande leader dell'I.D., il prof. William Dembski, della Baylor University, la parola "disegno" comunica un significato che trascende quello delle singole lettere alfabetiche di cui è composta; è quindi una complessità non riducibile semplicemente ai suoi ingredienti e che rivela la presenza di una intelligenza che ha voluto creare un significato nuovo, prima inesistente.

Nella sequenza di lettere è veicolato un significato che rivela un paradosso: non è contenuto nei singoli fonemi, ma dipende strettamente dalla loro concatenazione; dunque dev'essere stato imposto dall'esterno del sistema. Sono moltissimo gli esempi che si possono citare in biologia: dalla membrana cellulare all'occhio di un vertebrato, dal processo di coagulazione del sangue alle reazioni biochimiche del metabolismo cellulare. Tali strutture non possono funzionare se manca anche solo un piccolissimo "pezzo", così come – citando un altro suo esempio originale – una trappola per topi non può essere efficace se manca del tagliere o della molla. Un sistema è irriducibile – eccone un'altra versione – quando è formato da più componenti che interagiscono per realizzare una specifica funzione e che sono in grado di funzionare solo alla presenza contemporanea e sinergica di tutti i suoi pezzi.

Se anche solo ne manca uno, la funzione non può essere realizzata: si tratta di sistemi complessi per i quali non è immaginabile alcuno stadio intermedio di transizione, perché non potrebbe realizzare la funzione per cui esiste. Le biciclette hanno avuto una grande evoluzione come modelli, tra l'inizio del Novecento e i nostri giorni, tuttavia erano tutti esemplari funzionanti allo scopo; non è immaginabile un modello di bicicletta intermedio, che non consente lo spostamento: a chi potrebbe servire? Behe riporta l'esempio ormai famoso della trappola per topi formata da sei pezzi: una tavoletta di legno, una molla, una tagliola, una barretta che tiene ferma la tagliola "caricata" e un gancetto che tiene ferma la barretta e... un pezzo di formaggio: se manca uno solo di questi componenti, non funziona.

Gli esseri viventi in generale non si prestano quindi a essere interpretati come il frutto di graduali e progressivi cambiamenti creati dalla mutazione casuale e fissati successivamente dalla selezione dell'ambiente in cui si trovano, così come vorrebbe la teoria dell'evoluzione.

Si deve piuttosto ricorrere alla categoria di "progetto", di "disegno intelligente", che postula un Autore che possiede la visione d'insieme e che quindi pianifica tutte le operazioni necessarie per raggiungere lo scopo. Del resto è comunemente accettato, anche dai biologi evoluzionisti, che le attuali teorie non riescono a spiegare la cosiddetta "macroevoluzione", ossia il passaggio da una classe all'altra degli animali vertebrati – dal pesce fino al mammifero.

Gli evoluzionisti sostengono che si tratta solo di pazientare perché prima o poi i meccanismi verranno scoperti; secondo l'I.D., invece, la teoria darwiniana non possiede gli strumenti culturali adeguati per decodificare il fenomeno della vita. Parafrasando il titolo dell'opera di Darwin, si potrebbe dire che per l'I.D. l'origine della specie avviene per opera non della selezione naturale ma della progettazione soprannaturale. Quella dell'I.D. è soprattutto un'azione demolitrice nei confronti dei meccanismi proposti dalla teoria dell'evoluzione; la sua parte costruttiva consiste nella constatazione che, osservando gli esseri viventi, è verosimile inferire un Progetto che porta, come sempre accade in questi casi, una sua firma.

Resta l'amaro in bocca perché i sostenitori dell'I.D. non suggeriscono alcun contributo sulle modalità di esecuzione materiale del Progetto, ma forse – si tratta di una mia opinione personale – questo silenzio è legato intrinsecamente allo stesso modello di creazione: come parlare dell'origine di qualche cosa, come la vita, che non ci appartiene, ma ci viene donata come totalmente trascendente le nostre capacità di comprensione?

La creazione di cui parlano questi Autori non è comunque concentrata nei "sei giorni" del Creazionismo fondamentalista: è bene precisarlo per evitare il suo immediato discredito. Il lavoro di Behe e dei suoi colleghi risulta, a mio parere, ancor più interessante in Italia, perché continua l'opera, fortemente osteggiata dal pensiero dominante, del genetista Giuseppe Sermonti il quale, nel

1990, in *Dopo Darwin* (scritto insieme al paleontologo Roberto Fondi) e, nel 1999, in *Dimenticare Darwin*, muove un'amplissima, articolata e argomentata critica alla teoria classica dell'evoluzione biologica.

Il dibattito sull'origine e sulla diversità degli esseri viventi è finalmente riaperto e la sua portata scientifica e filosofica è così importante che non può rimanere circoscritto agli addetti ai lavori. Rimane comunque da vincere una forte ostilità perché se il meccanismo dell'evoluzione è oggetto di continue revisioni in ambiente accademico, il "dato" dell'evoluzione è invece ormai consolidato come certo in ampi strati della società.

Di Darwin e della sua opera si parla ai bambini e agli adolescenti in tutte le scuole, compresa quella in cui lavoro... beninteso! Di un Disegno intelligente, credo, invece, se ne parli in poche.

Qui non è in discussione una conoscenza accessoria come lo sono tante nella nostra vita, ma la nostra stessa immagine di uomini e di donne: siamo lo specchio di un vecchio primate restaurato in qualche modo dall'ambiente, o, un essere pensato e voluto come partner del Creatore?

Il caso si vede ma il disegno non si vede?

Proviamo a invertire la posizione culturale dominante.

Si può dire che è scientifico invocare un progetto e che non è invece scientifico invocare il caso all'origine di un fenomeno complesso?

Invocare il caso significa mascherare l'ignoranza; il termine "caso" potrebbe essere sostituito da qualsiasi altra parola, senza ottenere alcuna novità. Invocare un progetto è invece un atteggiamento razionale di fronte a una correlazione stabile e irriducibile di mezzi e di finalità, qual è quella che si riscontra negli organismi viventi.

In realtà, analizzando l'origine degli esseri viventi, non si riconosce alcuna alternativa al "progetto": il "caso" non può essere considerato un'alternativa perché non ha alcun potere creativo.

Ogni volta che si cita il "caso" bisogna anche ricordare che il suo ruolo è circoscrivibile solo a determinati eventi: può essere invocato per giustificare la comparsa di A piuttosto che dell'equiprobabile B (come accade nell'estrazione dei singoli numeri del lotto), oppure per spiegare la combinazione di elementi che erano originariamente distinti tra loro (vedi lo stesso esempio, questa volta con serie di numeri).

In altre parole, il caso non ha alcuna funzione genetica, ma solo una funzione assemblante; in biologia lo si dimentica, eludendo così il vero problema: la causa dell'esistenza di ciò che esiste. Si può invocare il caso per spiegare la combinazione di determinati numeri che escono al lotto, o che escono alla schedina del totocalcio, ma certamente non si può nemmeno lontanamente pensare a qualcosa di diverso da un "progetto" quando si esamina l'origine di uno strumento complesso e finalizzato a uno scopo, all'interno di una rete di strumenti altrettanto complessi e finalizzati.

Alla teoria del progetto vengono mosse normalmente due obiezioni: la non falsificabilità, ovvero non si può formulare alcun esperimento che possa dimostrare se è vera o se è falsa e la non prevedibilità, ovvero non si possono predire gli esiti dei dati che abbiamo a disposizione. A mio avviso si devono fare, a questo proposito, due osservazioni: la prima è che queste due obiezioni valgono ancora di più, o per lo meno nella stessa misura, per il neodarwinismo, in cui ogni nuova scoperta costringe a rivedere l'albero evolutivo; la seconda è che, in realtà, gli esseri viventi sono "esperimenti che accadono in diretta continua" come esecuzione di eloquenti progetti.

Ammesso e non concesso che non sia un dato sperimentale che il "caso" non produce alcuna struttura complessa, né è in grado di creare alcunché... (!) rimane certamente ampiamente condivisibile che è più "verosimile" che i quattro volti dei presidenti americani sul monte Rushmore siano stati scolpiti con intelligenza e con finalità, piuttosto che con gli eventi meteorici. È interessante anche considerare una versione più ampia del concetto di complessità irriducibile.

I nostri organi di senso o gli organi interni dei nostri apparati, per esempio, rivelano una struttura altamente complessa e raffinata ma che – e questo è il punto – non "serve" a nulla se questi si trovano fuori di un "corpo" che li valorizza. Un occhio come il nostro non ha alcun senso se isolato e dotato di vita autonoma... così il nostro cuore, appoggiato su un prato, pur in tutta la sua bellezza anatomico-funzionale, non avrebbe alcuna funzione... L'occhio e il cuore, invece, diventano vitali e indispensabili al funzionamento di tutto il nostro corpo.

La trappola per topi funziona solo se ci sono dei topi da catturare... altrimenti non ha alcun motivo di esistere. Quindi la complessità irriducibile non riguarda solo il singolo oggetto, ma si può applicare pure all'organismo in quanto tale. Non è riducibile alla chimica o alla fisica, ma è tuttavia presente: dev'essere stata quindi voluta dall'esterno del sistema. Gli esami del nostro sangue non sono in grado di rilevare il fatto che senza di esso le cellule non possono né nutrirsi, né ricevere l'ossigeno, né eliminare l'anidride carbonica, né accogliere gli ormoni; le funzioni del sangue non sono esaminabili in un laboratorio, però danno il senso della sua esistenza nel nostro corpo. Le funzioni del sangue esistono, ma non sono necessarie, in quanto non dipendono dalla sua composizione chimica; quindi devono la loro spiegazione a un intervento esterno al sistema stesso.

In un altro passo Behe chiarisce ulteriormente:

> La conclusione di un Disegno intelligente per sistemi interagenti secondo modalità fisiche sta nell'osservazione di una complessità fortemente specificata e irriducibile fatta di componenti separati e ben adattati al loro scopo per raggiungere una funzione che sta al di là di qualunque suo componente (*Darwin's Black Box*).

Michael Behe ritiene che le forze naturali non siano adeguate in ogni occasione per spiegare la vita e le sue forme; si considera evoluzionista, ma non di tipo darwiniano.

Evoluzione e Disegno intelligente possono coesistere, anche se, in un'intervista rilasciata a Giuliano Ferrara in TV ("Otto e mezzo" del 26 gennaio 2007), ha riconosciuto che le sue ricerche lo hanno condotto a ritenere che "non più solo alcuni pezzi, ma quasi tutta la cellula risponda a un disegno intelligente".

Anche il genetista Giuseppe Sermonti, il primo grande critico del darwinismo dei nostri giorni, sostiene che la selezione naturale non ha nulla a che spartire con il grande problema della biologia che è la "forma": le grandi architetture degli animali e dei vegetali necessitano una spiegazione che non può essere fornita dal meccanismo di "prove, errori, selezione". Un cristallo di ghiaccio con la sua mirabile struttura esagonale dipende dalle proprietà fisiche e chimiche della molecola d'acqua, non certo dal caso o dalla selezione.

Alcune cifre del nostro corpo aiutano a comprendere la complessità dei fenomeni vitali: in un uomo, la superficie alveolare misura circa 70 metri quadrati; 200 metri quadrati è la superficie intestinale; il DNA di una cellula misura due metri; il cuore pulsa miliardi di volte, senza stimoli esterni; l'embrione cresce in nove mesi nell'ordine di miliardi di volte in peso... il sistema di arterie, vene e capillari scorre per oltre 100.000 km! Il nostro cervello contiene 100 miliardi di cellule (è anche l'ordine di grandezza delle stelle della nostra galassia), ma un solo grammo di fegato ne contiene alcuni miliardi... Purtroppo, non esiste cifra che possa convincere di Progetto, mentre ne basta una sola, qualsiasi, per convincere del Nulla. Riporto due esempi, tra gli innumerevoli possibili, di strutture presenti e operanti negli esseri viventi come "complessità irriducibile": il codice genetico e il ciclo di Krebs.

È da rilevare inoltre, concludendo questo paragrafo, che il programma americano di S.E.T.I. (ricerca di intelligenza extraterrestre), a fronte di questi "indizi" descritti nelle nostre cellule, non avrebbe alcuna esitazione a dare esito assolutamente affermativo.

Il codice genetico: una grammatica senza autore

Nel 1966 viene scoperto il "codice genetico" , ovvero il linguaggio con cui l'acido desossiribonucleico del nucleo della cellula parla agli amminoacidi presenti nel citoplasma per assemblarli in una sequenza ordinata, finalizzata all'esecuzione di una funzione proteica.

È una scoperta fondamentale della biologia molecolare, paragonabile per importanza a quella del 1953, più nota, che ha portato a disegnare sulla rivista "Nature" la famosa doppia elica dello stesso acido (premio Nobel per gli Autori, Watson e Crick).

Fondamentalmente bisogna dire che il DNA trascorre il suo tempo, all'interno del nucleo della cellula, a inviare messaggi al citoplasma per costruire i mattoni di cui è fatto l'intero organismo, cioè le proteine.

Mentre gli zuccheri hanno una funzione energetica e vengono di continuo bruciati dalle cellule come combustibile e mentre i grassi servono a costruire le membrane cellulari, le proteine sono il "materiale biologico" per eccellenza: da una parte costituiscono la "carne" degli esseri viventi e dall'altra rendono possibile ogni reazione chimica del metabolismo. Le proteine, così essenziali per la vita, funzionano solo se vengono costruite in base alle istruzioni impartite dal DNA.

È necessaria, per capire il codice, una premessa di natura chimica: il DNA è un polimero (una collana di perle), ovvero è una sequenza lineare di monomeri (le singole perle), detti nucleotidi, che possono presentarsi in quattro forme diverse a seconda che contengano l'adenina, la citosina, la timina o la guanina (sono molecole organiche dette basi azotate).

La cellula umana, per esempio, contiene nel suo nucleo circa tre miliardi di coppie (perché i filamenti di DNA sono due, avvolti a elica) di basi azotate. Oggi l'intero genoma umano è stato decifrato, ovvero si conosce la sequenza completa delle basi azotate presenti nei nostri 46 cromosomi.

codone			amminoacido
U	U	U	Phe
U	U	C	Phe
U	U	A	Leu
U	U	G	Leu
U	C	U	Ser
U	C	C	Ser
U	C	A	Ser
U	C	G	Ser
U	A	U	Tyr
U	A	C	Tyr
U	A	A	STOP
U	A	G	STOP
U	G	U	Cys
U	G	C	Cys
U	G	A	STOP
U	G	G	Trp

codone			amminoacido
A	U	U	Ile
A	U	C	Ile
A	U	A	Ile
A	U	G	Met (START)
A	C	U	Thr
A	C	C	Thr
A	C	A	Thr
A	C	G	Thr
A	A	U	Asn
A	A	C	Asn
A	A	A	Lys
A	A	G	Lys
A	G	U	Ser
A	G	C	Ser
A	G	A	Arg
A	G	G	Arg

codone			amminoacido
C	U	U	Leu
C	U	C	Leu
C	U	A	Leu
C	U	G	Leu
C	C	U	Pro
C	C	C	Pro
C	C	A	Pro
C	C	G	Pro
C	A	U	His
C	A	C	Jis
C	A	A	Gln
C	A	G	Gln
C	G	U	Arg
C	G	C	Arg
U	G	A	Arg
U	G	G	Arg

codone			amminoacido
G	U	U	Val
G	U	C	Val
G	U	A	Val
G	U	G	Val
G	C	U	Ala
G	C	C	Ala
G	C	A	Ala
G	C	G	Ala
G	A	U	Asp
G	A	C	Asp
G	A	A	Glu
G	A	G	Glu
G	G	U	Gly
G	G	C	Gly
G	G	A	Gly
G	G	G	Gly

Leggere il nostro DNA significa aprire un libro scritto secondo un genere letterario piuttosto monotono; ecco come potrebbe risultare una riga di questa immensa opera: *AUGUUUCCAGCA*... Un'altra precisazione è opportuna: le proteine – le molecole che costituiscono il tessuto degli esseri viventi – sono anch'esse polimeri, ovvero sequenze lineari di monomeri chiamati amminoacidi. Una proteina può contenere un numero di amminoacidi variabile, da qualche decina a qualche centinaio; gli amminoacidi invece sono di venti tipi diversi. La scoperta del codice genetico consiste nella dimostrazione empirica che la sequenza delle basi azotate non è indifferente, ma che contiene messaggi che devono essere comunicati al citoplasma.

Le parole di questi messaggi sono formate sempre e solo da triplette (dette codoni) di basi, e significano (cioè indicano) ciascuna uno dei venti amminoacidi presenti nel citoplasma cellulare.

Con quattro basi azotate (A; T; C; G) si possono formare 64 triplette (la cifra deriva dal calcolo combinatorio: quattro elevato alla terza); gli amminoacidi possibili sono 20. Quindi le triplette che indicano lo stesso amminoacido sono più di una, sinonime tra loro. Per esempio: CCU, CCA, CCG e CCC sono quattro codoni che indicano lo stesso amminoacido, che si chiama *prolina*. Alcuni codoni indicano poi un segnale di inizio e di un segnale di fine del messaggio (che corrisponde al primo e all'ultimo amminoacido della proteina da sintetizzare). Il tratto di DNA che ho iniziato a leggere sopra, contiene un ordine preciso al citoplasma della cellula, che significa: "assemblare gli amminoacidi *metionina, fenilalanina, prolina e alanina* in questa sequenza...". La catena di montaggio esegue l'istruzione, fino in fondo, e costruisce la proteina di cui, in quel momento, c'è bisogno. Il tratto specificato è soltanto l'inizio di una catena che mediamente è composta da decine o anche centinaia di amminoacidi. In ogni istante nelle cellule degli organismi vengono costruite nuove molecole proteiche per sostituire quelle vecchie o per far fronte a nuove necessità. Il codice non presenta punteggiatura: i codoni sono uno dopo l'altro. Il codice è universale: il singolo codone ha lo stesso significato nel batterio come nel muschio come nella scimmia; è proprio questa caratteristica che ha reso possibile l'ingegneria genetica, ovvero il trasferimento di un gene (che è una sequenza funzionale di DNA) da una specie a un'altra. La sequenza dei codoni di un gene significa dunque la sequenza degli amminoacidi della proteina che quel gene intende sintetizzare. È chiaro inoltre che la sequenza degli amminoacidi non è indifferente per la proteina: se si sostituisce anche solo un pezzo che occupa una posizione catalitica, si possono provocare disfunzioni importanti. L'anemia falciforme è il caso più citato: una *valina* al posto di un *acido glutammico* (si tratta di due nomi di amminoacidi) nella posizione sesta della catena beta dell'emoglobina, provoca la morte della persona portatrice di questa singola mutazione.

Come accade in una collana di perle, se si anticipa anche solo di una posizione il fermaglio, la collana non potrà più illuminare il collo di una ragazza. Esiste poi un complesso processo di reazioni biochimiche altamente specializzate che realizza il prodotto finito, ovvero che consente al messaggio presente nel DNA del nucleo cellulare di raggiungere la catena di montaggio degli amminoacidi presente nei distretti del reticolo citoplasmatico per consentire la sintesi di una nuova proteina, su richiesta della stessa cellula.

Veniamo ora al senso anticipato nel titolo di questo paragrafo: ci troviamo di fronte a un vocabolario, a una grammatica e a una sintassi, che non hanno tuttavia un autore. Il termine "codice" indica, nei suoi diversi contesti, un'informazione criptata. Come tale è un'espressione di intelligenza. Non è pensabile un linguaggio che metta in comunicazione le quattro diverse basi azotate del DNA con i venti tipi di amminoacidi che si trovano nelle proteine senza l'attribuzione alla sequenza di basi azotate di un "significato" che trascende la loro chimica.

Detto in altre parole, il codone particolare GAA, è solo una specifica composizione molecolare di atomi di carbonio, di idrogeno e di azoto.

Nulla, da un punto di vista chimico, sembra aver a che fare con la specifica formula di struttura dell'*acido glutammico* (ancora a base di atomi di carbonio, di idrogeno, di azoto e di ossigeno), che il codone indica. Quindi, si può dire che la costruzione di una proteina come per esempio l'*emoglobina* (la proteina del sangue che trasporta il ferro), avviene all'interno della cellula grazie alla sinergia di componenti materiali, di energia, ma anche e soprattutto di informazione codificata.

Nel nostro vocabolario accade la stessa cosa: un grafema particolare, cioè una parola, è portatore di un significato con il quale non condivide alcun elemento materiale. È una convenzione culturale, intelligente, che lega la parola al suo significato, consentendo agli uomini di comunicare tra di loro. Analizziamo ora un altro passaggio di questo fenomeno, ovvero la catena di montaggio. In questa sede, un enzima molto speciale, il *t-RNA-amminoaciltransferasi*, "riconosce" da una parte il codone GAA e da un'altra, *l'acido glutammico*. L'enzima (che è a sua volta una proteina codificata dal DNA) "aggancia" l'amminoacido e lo trasferisce di fronte al codone specifico, dimostrando di aver "compreso" il messaggio e di saperlo eseguire. L'operazione viene ripetuta per tutta la lunghezza del gene, dal segnale di inizio a quello di stop: gli amminoacidi così allineati costruiscono la proteina. Ma c'è di più. Nel DNA non si riscontra solo una semantica ben definita e universale, ma anche una sintassi. La sequenza di DNA che codifica per una proteina generalmente è formata da segmenti (detti esoni) interrotti e distanziati tra di loro, a volte presenti addirittura su cromosomi diversi.

Il DNA che interessa alla cellula in un certo istante, viene prima di tutto trascritto su una copia di *RNA* (è una nuova molecola, utilizzata come la carta su cui si fotocopia un testo originale), quindi intervengono gli *enzimi di restrizione* e gli *enzimi ligasi* a scegliere, a ritagliare gli esoni individuati nella lunghissima molecola-fotocopia e a ricucirli secondo uno schema funzionale. Gli amminoacidi presenti in una proteina, detto in altre parole, sono stati codificati da triplette che non erano una dopo l'altra, ma distanziate tra loro nel DNA originale.

Per unirle a formare un unico messaggio, la cellula ha dovuto ricorrere a nuove regole di sintassi, mirabilmente efficaci. È la stessa sintassi che applichiamo per costruire una frase, ogniqualvolta scegliamo e colleghiamo insieme parole diverse per comunicare un messaggio che va oltre i singoli termini che utilizziamo. *Tentando una sintesi di questo paragrafo un po' tecnico, possiamo dire di aver evidenziato nella cellula la presenza di tre codici di comunicazione. Il primo è quello responsabile del significato di una tripletta di basi azotate (è il legame tra il DNA e le proteine); il secondo è interpretato dall'enzima che collega l'amminoacido al suo codone; il terzo è costituito dalla sintassi enzimatica che ritaglia e cuce esoni distanziati tra loro per costruire una nuova "frase" dotata di un significato che trascende quello delle singole parole.* Di fronte a questa abbondanza di "informazione" contenuta nelle molecole biologiche il mistero si infittisce più che semplificarsi: si pensava che la conoscenza del genoma umano avrebbe risolto la domanda sulla vita e invece ne ha aperte nuove e più profonde.

La teoria dell'evoluzione non osa fornire immagini di una genesi dell'informazione *step by step*; si limita a dire che il codice è stato un incidente di percorso che poi, considerato il successo adattativo, è finito per congelarsi all'interno della cellula. È chiaro a tutti, però, che una definizione del genere non soddisfa: è applicabile a tutto ciò che esiste e quindi a nulla. La realtà è che la spiegazione della comparsa graduale di una sinergia così complessa di materia e di significato non è possibile perché la cellula ha bisogno per vivere del prodotto finale; non saprebbe cosa farsene di un suo intermedio di produzione e morirebbe.

Così come quando costruisco la trappola per topi (è un omaggio a Behe): per tutto il tempo in cui non possiedo il prodotto finito finale, con tanto di molla e di tagliere, la mia casa si impesta di topolini.

I miei giovani studenti non meritano un trattamento di questo tipo.

Tutto ciò è comunque molto strano per me: com'è possibile che la comunità scientifica accetti di risolvere il problema del codice genetico relegandolo alla sfera degli "incidenti" non voluti? Mi sia consentita una battuta: se gli incidenti hanno prodotto queste stupende regolarità, chissà che cosa avrebbe dovuto nascere senza il loro contributo! Credo piuttosto che sia un atteggiamento responsabile da parte nostra quello di riconoscere la complessità irriducibile del fenomeno del (o dei) codice genetico, lasciarci coinvolgere dalla bellezza della sua architettura e pieni di stupore accogliere anche nella nostra ragione il senso di mistero che emana. Chiediamoci con tutta la nostra intelligenza: "Può esistere una Grammatica senza un Autore?"

Il ciclo di Krebs o degli acidi carbossilici: troppo bello per essere vero

Sulla parete del mio studio si trova una tavola dal titolo *Biochemical Pathways* (sentieri di biochimica) di una casa farmaceutica.

Vi sono riportate centinaia di reazione chimiche del nostro metabolismo cellulare: vi sono i nomi e le formule dei reagenti, degli intermedi, dei prodotti finali. Sono solo una parte della imponente macchina biochimica che in ogni istante lavora in ciascuna cellula per produrre, per sostituire, per digerire, per ricavare energia vitale. Chiunque entri nel mio studio rimane a bocca aperta nel vedere la complessità di questa rete di molecole interdipendenti tra loro e sempre in perfetta coordinazione. Ricorda un po' una stazione ferroviaria di una metropoli, vista dall'elicottero: linee che vanno in tutte le direzioni e perfettamente organizzate tra loro per evitare scontri, deragliamenti, inefficienze di varia natura. Al centro di questa enorme rete si trova una ruota formata da una decina di reazioni concatenate tra loro in modo che il prodotto finale sia anche il reagente di un nuovo ciclo. Questa ruota, in perenne movimento, possiede vie collaterali di uscita e di ingresso: si tratta del ciclo di Krebs, dal nome di chi l'ha individuata. Il ciclo di Krebs è la via metabolica attraverso la quale ogni cellula estrae energia dallo zucchero per vivere: è la modalità chimica della respirazione.

La reazione chimica della respirazione prevede due reagenti, il glucosio (o zucchero) e l'ossigeno, e tre prodotti finali, l'anidride carbonica, il vapore acqueo e l'energia. È questa la prima fonte di energia per la cellula, che viene poi trasformata e dirottata verso le altre vie metaboliche. Se si blocca la respirazione, la cellula muore.

La realizzazione completa della respirazione richiede, a un certo punto, un ciclo particolare come quello appena citato. Si tratta di una serie di reazioni disposte lungo una circonferenza, in modo che il prodotto finale sia il reagente di un nuovo ciclo, che così può ripetersi di continuo. Il senso di questa grande "ruota della vita" è quello di consentire alla cellula di ossidare totalmente lo zucchero, cioè di estrarne tutta l'energia chimica.

Nel contempo, una circonferenza di reazioni consente di uscire e di entrare nel sistema ai diversi raggi, occupati in realtà da intermedi chimici utilizzabili per altre vie metaboliche, a seconda del fabbisogno del momento. Dopo aver compreso in maniera analitica tutte le tappe di questo ciclo che si colloca, come dicevo, al centro del metabolismo cellulare, si rimane stupiti di fronte alla complessità, all'armonia e al finalismo presenti. Non c'è alcuno spazio per la sua "apparizione graduale": la cellula ha bisogno del suo prodotto finito finale, altrimenti muore. Questo ciclo di reazioni si alimenta in continuazione e "scorre" in ogni istante, fornendo una rappresentazione plastica di che cosa significhi la "vita" stessa. Il flusso dei metaboliti che entrano ed escono da questo ciclo manifesta un ordine intelligente che tuttavia non appartiene alle singole molecole; la "direzione" del ciclo stesso, con tutte le sue porte intermedie, non è un ingrediente chimico che possa essere rilevato in un laboratorio. Quindi, questo "ordine", presente in ogni istante, dev'essere stato imposto dall'esterno. Accade così come quando si osserva una freccia in volo e si pensa immediatamente all'arco e al suo arciere.

L'evoluzione spiegata ai nostri figli

I libri scolastici di scienze sono impregnati della teoria dell'evoluzione, dalla prima all'ultima pagina, dalla suddivisione dell'opera in capitoli ai singoli paragrafi che presentano le diverse classi di esseri viventi. Talvolta sono costretti ad affrontare *espli-*

citamente il tema dell'evoluzione, soprattutto quando intendono spiegare alcuni passaggi-chiave nella storia della vita sul nostro pianeta. Mi limito qui a fornire tre esempi, in sequenza, di cui non cito volutamente l'autore, perché non ha importanza: sono solo dei paradigmi e potrebbero avere anche firme diverse perché rappresentano il "sapere scientifico" condiviso.

1. La formazione della prima cellula è assolutamente un rompicapo per chiunque vi si dedichi professionalmente; ascoltiamo cosa dice un diffuso libro di testo delle nostre Scuole:

> La scoperta dei *ribozimi* (molecole di RNA capaci anche di replicarsi), pur importantissima, e l'ipotesi del mondo a RNA, pur molto convincente, non spiegano né l'evoluzione dell'RNA messaggero né quella del DNA: tuttavia, *tale evoluzione è evidentemente avvenuta*, e il fatto che il processo di traduzione si verifichi in tutte le cellule viventi con la stessa modalità ne è una prova.

È interessante osservare il contrasto tra la consapevolezza dell'insufficienza delle prove e la certezza dell'evoluzione! È un contrasto stridente che si ripete in ogni occasione e che accompagna il pensiero di molti biologi.

2. Un passaggio fondamentale nella cosiddetta evoluzione della vita è quello che ha visto come protagonisti i primi vertebrati di tipo terrestre, usciti definitivamente dall'acqua. Ecco la spiegazione che ne viene offerta ai nostri figli:

> L'uovo amniotico rese i vertebrati indipendenti dal rifornimento d'acqua e quindi in grado di conquistare la terraferma. L'uovo poteva essere deposto all'asciutto grazie a un guscio calcificato, resistente e impermeabile all'acqua, ma al tempo stesso poroso e quindi in grado di consentire gli scambi di ossigeno e anidride carbonica con l'esterno. (...) L'"invenzione" dell'uovo amniotico consente all'animale di riprodursi anche in ambienti aridi.

Come si può notare, non si dà alcun tentativo di illustrare il meccanismo con cui sono nate queste importanti novità, di cui invece si descrivono dettagliatamente le formidabili proprietà, come fossero apparse dal nulla.

3. Per spiegare l'origine dei mammiferi a partire da gruppi di rettili, si riferisce quanto segue: "I loro (dei Mammiferi) adattamenti furono probabilmente condizionati dalla continua fuga davanti ai grandi rettili, che favorì probabilmente la messa a punto di un sistema di riproduzione che permettesse di non abbandonare i piccoli e di evitarne la continua sorveglianza". È doveroso apprezzare il ripetuto utilizzo dell'avverbio di incertezza, tuttavia credo che lo sviluppo della complessissima placenta nell'utero della femmina dei mammiferi sia anteriore e soprattutto indifferente a qualsiasi fuga... (anche se già placentati, gli ippopotami di oggi continuano a fuggire dai coccodrilli). Come si può ritenere di aver fornito una spiegazione plausibile della splendida struttura e della funzione della placenta con annessa gravidanza, ricorrendo al fatto che queste femmine non potevano deporre uova da custodire dai predatori? Ai nostri figli la lettura, a noi, genitori, la responsabilità. È interessante a questo punto sottolineare che questi esempi riportati sono fondamentali per poter capire meglio il valore scientifico della teoria dell'evoluzione; infatti è proprio nei casi concreti che qualsiasi teoria viene confermata oppure smentita. Finché il discorso si mantiene a livello di mutazioni e di selezione naturale, può risultare anche affascinante e suggestivo, ma quando si addentra a dover dare spiegazioni di animali particolari o dei loro organi e apparati speciali, finisce sempre in contraddizione.

La tipologia di risposta alle grandi domande è sempre la stessa: si danno illustrazioni dettagliate e approfondite delle proprietà e dei vantaggi presentati dalle "novità" del momento (i ribozomi; l'uovo amniotico; la placenta) utilizzando esplicitamente la categoria tanto odiata della "finalità". Non si danno meccanismi, né di evoluzione graduale, né di catastrofismo genetico. La spiegazione della comparsa della "novità biologica" consiste solo nell'elencazione dei vantaggi che apporta, in barba a tutte le considerazioni previe sulla "fatalità" di ogni cambiamento. "È solo un incidente", si dice, "poi congelato". È curioso, a questo punto, notare che la "finalità" (= i vantaggi) che è stata assolutamente bandita dal linguaggio degli evoluzionisti in sede teoretica, viene fatta rientrare di fatto ogni volta che si vuole rendere ragione di un passo in avanti fatto dalla vita. Si vuole escludere a priori un disegno intelligente, salvo poi riconoscerlo a posteriori di fronte ai fatti concreti della vita! Allora la vera domanda diventa questa: chi o che cosa conferisce finalità alla novità, se non la possedeva fin dal suo inizio? Come avrebbe potuto l'uovo amniotico conferirsi determinate finalità, se non le avesse ricevute nella fase della sua progettazione?

La finalità, che è presente in ogni molecola, in ogni organulo, in ogni cellula, in ogni organo, in ogni apparato, in ogni organismo e in ogni specie, non può essere frutto del soggetto, perché, come il coraggio per don Abbondio, "uno non se lo può dare". Come si vede, la teoria del disegno intelligente non postula un *designer* approfittando di quello che ancora non si conosce – come accusano i suoi detrattori – ma lo fa a partire da quello che si conosce. Giudichi il lettore se sia più coerente parlare con franchezza di disegno originario, come fa la teoria omonima, o piuttosto di "disegno" acquisito – di nascosto e quale incidente – come di fatto fa la teoria dell'evoluzione.

Conclusione

La spiegazione che viene offerta dalla scienza ufficiale all'esistenza del codice genetico, della sintesi proteica, della membrana cellulare, perfino del linguaggio e della coscienza di sé tipici dell'uomo è questa: si tratta di "incidenti congelati" (Edoardo Boncinelli, *Le forme della vita*): appaiono per caso da mutazioni arbitrarie (incidenti) e rimangono fissati dalla selezione (congelati).

Lo stesso Ernst Mayr, riconosce che quando si parla di origine e di identità degli esseri viventi non si può ricorrere a leggi scientifiche ma solo a "concetti", aprendo così, suo malgrado, enormi spiragli a dibattiti e ad alternative stesse:

> Gli eventi evolutivi sono costantemente limitati nello spazio e nel tempo, e, di solito, presentano eccezioni. Ecco la ragione per cui nella biologia dell'evoluzione, abitualmente, non si può applicare il criterio di falsificabilità di Popper, perché le eccezioni non confutano la validità generale delle regolarità.
>
> Le teorie, nella biologia dell'evoluzione, si basano su concetti piuttosto che su leggi naturali. Tali concetti (selezione, lotta per la sopravvivenza, successo riproduttivo...) si collocano agli antipodi rispetto alle leggi naturali enunciate da Newton (E. Mayr, *L'unicità della biologia*) .

A questo punto si impone una considerazione: i concetti sono utili nella dialettica filosofica, altrimenti – Dio ce ne scampi – possono essere piegati a favore di un pensiero di tipo ideologico. La scienza, come ci hanno sempre insegnato, non si fa con i concetti, ma con i dati, le osservazioni, le ipotesi, le verifiche e le leggi. Preferiamo ipotesi più ragionevoli per spiegare ciò che esiste. La posizione di chi rifiuta di nominare una Causa ultima, esterna al sistema, è analoga a quella assunta dai bambini quando riconoscono e descrivono perfettamente quello che è accaduto in una marachella che hanno combinato, ma ne occultano formidabilmente la causa. Ascoltiamo ancora l'allora cardinal Ratzinger nella catechesi sulla creazione (1981):

> Francois Mauriac, dopo aver ascoltato le conferenze poi raccolte nel libro, avrebbe detto: "Quanto dice questo professore è ancora più incredibile di quello che crediamo noi poveri cristiani". Monod non contesta questa affermazione. La sua tesi è che tutto il concerto della natura è frutto di errori e di stonature. Egli non può fare a meno di dire spontaneamente che una simile concezione è davvero assurda. Ma il metodo scientifico – così prosegue – ci costringe a non ammettere una domanda cui è necessario rispondere con la parola "Dio". Quale misero metodo, possiamo solo dire! Attraverso la ragione della creazione, Dio stesso ci guarda (*In principio Dio creò il cielo e la terra*).

"Bisogna allargare il concetto di ragione e il suo uso" (Benedetto XVI a Regensburg, 12 settembre 2006).

La prudenza su questi temi fondamentali di cui abbiamo parlato diventa allora doverosa per tutti. Non sappiamo come siano comparsi gli animali e le piante che una volta non esistevano: certamente, a mio avviso, non sono apparsi secondo i meccanismi previsti dalla teoria dell'evoluzione, sia pure in tutte le sue varianti.

La loro origine così come la loro esistenza di ogni giorno rimangono un immenso mistero. La risposta della nostra intelligenza consiste proprio nell'accettare questa complessità irriducibile e nell'accogliere l'evidenza di un Progetto che non ci appartiene minimamente, perché noi stessi, come uomini e come donne, ne siamo parte.

Siamo "ospiti" della vita. In ogni istante miliardi di cellule procedono nelle loro reazioni metaboliche, il cuore pulsa, i polmoni si dilatano e si contraggono, i reni purificano il sangue, le ghiandole secernono le loro infinitesimali gocce... e tutto senza la nostra volontà e nemmeno la nostra consapevolezza. La nostra "vita" è infinitamente più grande della nostra capacità di comprensione.

Non è pensabile nemmeno un organulo cellulare al di fuori di un Disegno globale complessivo e onnicomprensivo.

Dal nulla non può che venire il nulla; dalla Parola creatrice non può che sgorgare un'ineffabile Armonia. Anche l'intero universo è nato dal nulla: la nostra intelligenza è capace di intuire e di permettere questo immenso mistero. La modalità, per ora, ci risulta incomprensibile, ma questo non ci impedisce di apprezzarne tutta la splendida Bellezza.

Ringraziamenti

Colgo l'occasione per ringraziare prima di tutto mio padre, Silvano, che fin da piccolo mi ha vaccinato nei confronti della teoria darwiniana, con intelligenza e con grande competenza sia nel campo scientifico che in quello teologico.

Ringrazio quindi l'editore che ha avuto il coraggio di pubblicare dati e pensieri che sostengono teorie ritenute poco "politicamente corrette". Un sentimento di viva gratitudine a chi mi ha sostenuto e in qualche modo ha anche favorito questa impresa che ha finalmente visto la luce dopo anni di riflessione e di insegnamento: il fratello Marco, autore del best-seller *Il codice svelato*, l'amico Carlo del Centro culturale Sant'Adalberto e gli amici Biroli e Adami del Circolo culturale Enrico Medi. Mi è stata di grande incoraggiamento la compagnia quotidiana di Sandro Bettini, che condivide con me la responsabilità educativa nella scuola, con entusiasmo e con realismo. Senza gli Stimatini e in particolare il direttore don Zanon e il caro don Maggiorino, difficilmente questo lavoro mi sarebbe stato possibile.

Ho avuto la possibilità di scambiare idee, pareri e lezioni, anche con i professori di scienze e di filosofia della mia scuola, Clara Compri, Daniela Perozeni, Mario Ferrarese, Anna Olioso, Barbara Rossini, Sisto Cona, Marcus Fingerle. Sono debitore di qualche idea con il collega di informatica, Nicola Moretto. Un grazie anche alla mia vice Chiara Trotti, sempre pronta con le parole e con i consigli giusti: mi sono stati utili per portare a termine questo lavoro.

Desidero ringraziare in modo particolare Irene Clementi, che mi ha consentito di avviare un prezioso e fecondo carteggio in tedesco con il cardinale di Vienna, Christoph Schönborn, sostenendolo sempre con la sua approvazione. Un grazie speciale a Judy Dillon per la traduzione dell'articolo del Cardinale.

Devo dire che il cardinale di Vienna e Benedetto XVI hanno incoraggiato e illuminato la redazione di questo libro, sia pur inconsapevolmente, con la chiarezza e con l'autorevolezza magisteriale dei loro interventi pertinenti, preziosi e rari nell'attuale contesto ecclesiastico, che sembra mettere in secondo piano le grandi sfide della ragione, privilegiando invece le pur importanti scelte operative. Infine voglio ricordare gli studenti che ho avuto e quelli che ora frequentano l'Istituto, i colleghi e il personale: la loro presenza sono stati e rimangono il vero motore del Preside.

Grazie, finalmente, a Chiara, che ha condiviso con me, inevitabilmente, le gioie e le fatiche di questo impegno.

Bibliografia essenziale

J. Barrow, *Dall'io al cosmo*, Raffaello Cortina Editore, 2000

M. Behe, *Darwin's Black Box*, The Free Press, 1996

E. Boncinelli, *Le forme della vita*, Einaudi, 2000

Boné, Coppens, Doolittle, Dutrillaux, Greenfield, Lejeune, Lowenstein, Pilbeam, Sermonti, Simons, Tobias, *L'evoluzione dei Primati*, Jaka Book, 1986

Luca e Francesco Cavalli-Sforza, *Chi siamo?*, Mondadori, 1993

C. Darwin, *L'origine delle specie*, Newton Compton Editori.

M. Denton, *L'evolution a-t-elle un sense?*, Fayard, 1997.

N. Eldredge, I. Tattersall, *I miti dell'evoluzione umana*, Boringhieri, 1984

S.J. Gould, "Le Scienze" n. 316, dicembre 1994

Homo, Cataloghi Marsilio, 1985

Lehninger, *Manuale di Biochimica*, Zanichelli, 2000

E. Mayr, *L'unicità della biologia*, Raffaello Cortina Editore, 2005

V. Marcozzi, *Le origini dell'uomo*, Massimo, 1983

F. Monod, *Il caso e la necessità*, Mondadori, 1970

"Nuova Secondaria", 15 giugno 2005, La Scuola.

J. Postlethwait, J. Hopson, *Corso di Biologia*, Mc Graw Hill, 2000.

J. Ratzinger – Benedetto XVI, *In principio Dio creò il cielo e la terra*, Lindau, 2006.

J. Ratzinger, Paolo Flores D'Arcais, *Dio esiste*. supplemento al n.2/2005 di "MicroMega".

C. Schönborn, *Finding Design in Nature*, "New York Times", July 7, 2005

G. Sermonti, *Dimenticare Darwin*, Rusconi 1999

G. Sermonti, R. Fondi, *Dopo Darwin*, Rusconi, 1980

Indice

Made in the USA
Monee, IL
08 November 2026

67383075R00059